深度學習｜生命科學應用

基因組學、顯微鏡學、藥物開發等
生命科學上的應用

Deep Learning for the Life Sciences

Applying Deep Learning to Genomics,
Microscopy, Drug Discovery, and More

Bharath Ramsundar, Peter Eastman,

Patrick Walters, and Vijay Pande　著

楊尊一　譯

U0086867

O'REILLY®

目錄

前言

近年來，生命科學和資料科學已經融合。機器人和自動化的進步使化學家和生物學家能夠生成大量數據。今天的科學家能夠在一天內產生比 20 年前整個職業生涯更多的數據。這種快速生成數據的能力也帶來了許多新的科學挑戰。我們不再處於將數據載入到電子表格中並製作幾個圖表來處理數據的時代。為了從這些數據集中提取科學知識，我們必須能夠識別和擷取非顯而易見的關係。

過去幾年出現的深度學習是識別數據模式和關係的強大工具，這是徹底改變圖像分析、語言翻譯、語音識別等問題的演算法。深度學習演算法擅長識別和利用大型數據集的模式。由於這些原因，深度學習在生命科學領域中有廣泛的應用。本書說明深度學習如何應用於遺傳學、藥物開發、醫學診斷等多個領域。我們說明的案例都附有程式碼範例，這些範例提供了對方法的實際介紹，並為讀者提供了未來研究和探索的起點。

本書編排慣例

下列為本書的編排慣例：

斜體字（*Italic*）
> 用來表示新術語、URL、電郵信箱、檔案名稱與附加檔名。中文以楷體表示。

定寬字（`Constant width`）
> 用來表示樣式碼或在段落中表示如變數或函式名稱、資料庫、資料型別、環境變數、敘述與關鍵字等程式元素。

定寬粗體字（**Constant width bold**）
　用來表示應由使用者輸入的指令或其他文本。

定寬斜體字（*Constant width italic*）
　用來表示應由使用者提供或取決於情境的值。

 用來表示技巧或建議。

 用來表示一般性的註記。

 用來表示警告或注意事項。

程式範例

補充材料（程式範例、練習等）可從
https://github.com/deepchem/DeepLearningLifeSciences 下載。

致謝

感謝歐萊禮的編輯 Nicole Tache 和技術審稿和 beta 審稿人對本書的寶貴貢獻，亦感謝 Karl Leswing、Zhenqin（Michael）Wu 對程式碼的貢獻，以及 Johnny Israel 對基因組學章節的寶貴建議。

Bharath 感謝家人在本書製作過程中加班工作的支持與鼓勵。

Peter 非常感謝他的妻子，以及讓他從中學到很多關於機器學習的同事們。

Pat 想感謝他的妻子 Andrea 和女兒 Alee 和 Maddy，感謝她們的愛與支持。他還要感謝 Vertex Pharmaceuticals 和 Relay Therapeutics 過去與現在的同事，他從他們身上學到了很多東西。

最後，我們要感謝 DeepChem 開源社群對專案的鼓勵和支持。

## 第一章

為何是生命科學？

雖然數據有許多技術方向可以研究，但很少有領域有著像生物醫學研究一樣的影響。現代醫學的出現從根本上改變了人類生存的本質。在過去的 20 年中，我們看到了改變無數個人生活的創新。HIV/AIDS 於 1981 年首次出現時是一種致命的疾病，持續開發抗逆轉錄病毒療法大大延長了已開發國家患者的預期壽命。現在可以治癒的 C 型肝炎等的疾病，在十年前被認為基本上是無法治癒的。遺傳學的進步能夠識別並很快治療各種疾病，診斷和儀器方面的創新使醫生能夠針對識別和標定人體疾病。許多突破已經從計算方法中受益並繼續發展。

為何深度學習？

機器學習演算法是線上購物到社交媒體等各個方面的關鍵組成部分，計算機科學家團隊正在開發演算法使數位助理（如 Amazon Echo 或 Google Home）能夠理解語音。機器學習的進步使網頁與語音能夠進行即時翻譯。除了機器學習對日常生活的影響外，它還影響了物理和生命科學的許多領域。演算法應用在探測望遠鏡圖像中的新星系與大型對撞機的亞原子相互作用分類等各種領域。

推動這些機器學習技術進步的力量之一是深度神經網路。雖然人工神經網路的技術在 1950 年代發明並於 1980 年代取得進步，直到過去 10 年間電腦硬體的進步才真正實現了此技術的能力。下一章會更深入討論深度神經網路，但先要認識一些深度學習應用的發展：

- 語音識別的許多發展已經在手機、電腦、電視、其他網路設備中普遍存在,這些都是深度學習的結果。

- 圖像識別是自動駕駛汽車、網路搜索、其他應用程序的關鍵組成部分。推動消費者應用的深度學習發展現在被用於生物醫學研究,例如腫瘤細胞分類。

- 推薦系統已成為線上體驗的關鍵組成部分。像 Amazon 這樣的公司使用深度學習以 "購買此產品的客戶也買了某某產品" 的方法來推動額外消費。Netflix 使用類似的方法來推薦個人可能想要觀看的電影。這些推薦系統背後的許多想法被用於識別可能為藥物開發工作提供起點的新分子。

- 語言翻譯曾經是非常複雜的基於規則的系統。在過去幾年中,深度學習驅動的系統的表現優於經過多年手動調整的系統。許多相同的想法現在被用於從科學文獻中擷取概念並提醒科學家們他們可能錯過的期刊文章。

這些只是應用深度學習方法產生的一些創新。我們收集廣泛可用的科學數據和處理數據的方法時,我們正處在一個有趣的時刻。能夠將數據與新方法結合起來學習數據模式的人可以取得重大的科學進步。

現代生命科學是數據

如前述,生命科學的基本性質已發生變化。機器人技術和小型化實驗的可用性讓生成的實驗數據量顯著增加。在 1980 年代,生物學家進行單一實驗並產生單一結果,這種資料通常可以在計算器的幫助下手動計算。今天的生物學儀器能夠在一兩天內產生數百萬個實驗數據,基因測序等可以產生巨大數據集的實驗已經變得廉價且普遍。

基因測序的進步導致了資料庫的建立,這些資料庫將個體的遺傳密碼與多種和健康相關的結果聯繫起來,包括糖尿病、癌症、囊性纖維化等遺傳性疾病。透過使用計算技術分析和挖掘這些數據,科學家們正在開發對這些疾病的原因的理解,並利用這種理解來開發新的治療方法。

曾經主要依賴於人類觀察的學科現在正使用無法手動分析的數據集。現在,機器學習經常用於對細胞圖像進行分類。這些機器學習模型的輸出用於識別癌症腫瘤,並對其進行分類與評估潛在疾病治療的效果。

實驗技術的進步導致了若干資料庫的發展，這些資料庫對化學品的結構及這些化學品對廣泛的生物過程或活動的影響進行了分類。這些結構 - 活動關係（SAR）構成了稱為化學資訊學或化學信息學的基礎。科學家們挖掘了這些大型數據集，並利用這些數據建立預測模型以推動下一代藥物開發。

隨著這些大量數據的出現，需要一種在科學和計算領域都很行的新型科學家。具有這些混合技能的人有可能解開大型數據集的結構和趨勢，並做出明天的科學發現。

你會學到什麼？

本書的前幾章討論深度學習的概述以及它如何應用於生命科學。我們從機器學習開始，機器學習被定義為 "從數據中學習的程式設計科學（和藝術）"[1]。

第 2 章簡短介紹深度學習。我們首先舉例說明如何使用這種類型的機器學習來執行線性回歸等簡單任務，然後進入通常用於解決生命科學中的現實問題的更複雜模型。機器學習的進行通常將數據集拆開成用於生成模型的訓練集和用於評估模型性能的測試集，第 2 章會討論有關預測模型的訓練和驗證的一些細節。生成模型後，通常可以透過改變稱為超參數的許多特徵讓表現最佳化，這一章概述此過程。深度學習不是單一技術，而是一套相關的方法。第 2 章最後介紹一些最重要的深度學習變化版本。

第 3 章介紹 DeepChem，這是一個開源函式庫，專門用於簡化為各種生命科學應用建立的深度學習模型。介紹 DeepChem 後，我們以第一個程式範例展示如何使用 DeepChem 函式庫生成預測分子毒性的模型。第二個程式範例展示 DeepChem 如何用於對圖像進行分類，這是現代生物學中的一項常見任務。如前述，深度學習用於各種成像應用，從癌症診斷到青光眼檢測，對特定應用的討論激發了一些深度學習方法內部機制的解釋。

第 4 章討論如何將機器學習應用於分子。我們首先介紹分子，這是我們周圍一切的基石。雖然分子可以被認為類似於積木，但它們並不是剛性的。分子柔韌並表現出動態行為。為了使用像深度學習這樣的計算方法來表示分子，我們需要找到一種在計算機中表示分子的方法。這些編碼類似於以一組像素表示圖像的方式。第 4 章的後半部分描述表示分子的多種方式，以及這些表示如何用於建構深度學習模型。

1　Furbush, James. "Machine Learning: A Quick and Simple Definition." *https://www.oreilly.com/ideas/machine-learning-a-quick-and-simple-definition.* 2018.

第 5 章介紹生物物理學領域，它將物理定律應用於生物現象。我們首先討論讓生命成為可能的蛋白質分子機器。預測藥物對身體影響的一個關鍵因素是了解它們與蛋白質的相互作用。為了理解這些影響，我們首先討論蛋白質的建構方式以及蛋白質結構的差異。蛋白質的 3D 結構決定其生物學功能的實體。對於機器學習模型來預測藥物分子對蛋白質功能的影響，我們需要以可由機器學習程序處理的形式表示 3D 結構。第 5 章的後半部分探討表現蛋白質結構的多種方式。有了這些知識，我們再檢視另一個程式範例，以深度學習來預測藥物分子與蛋白質相互作用的程度。

遺傳學已成為當代醫學的重要組成部分。腫瘤的基因測序已經實現了癌症的個性化治療並有可能徹底改變醫學。基因測序曾經是一個需要巨額投資的複雜過程，現在已經司空見慣，而且可以定期進行。我們甚至達到了狗主人可以進行基因測試以確定他們的寵物血統的程度。第 6 章討論遺傳學和基因組學，首先介紹 DNA 和 RNA，這些模板用於生成蛋白質。最近的發現顯示 DNA 和 RNA 的相互作用比最初認為的要複雜得多。第 6 章的後半部有幾個程式範例展示如何使用深度學習來預測影響 DNA 和 RNA 相互作用的許多因素。

這一章的前面部分提到了透過將深度學習應用於生物和醫學圖像分析而取得的許多進展。在這些實驗中研究的許多現象太小而不能被人眼觀察到。為了獲得深度學習方法所使用的圖像，我們需要使用顯微鏡。第 7 章討論無數形式的顯微鏡，從我們在學校使用的簡單光學顯微鏡到能夠以原子解析度獲得圖像的複雜儀器。這一章還討論當前方法的一些局限性，並提供了用於獲取驅動深度學習模型圖像的實驗管道資訊。

深度學習應用於醫學診斷是很有前途的領域。醫學非常複雜，沒有醫生可以親自體現所有可用的醫學知識。在理想情況下，機器學習模型可以消化醫學文獻並幫助醫療專業人員進行診斷。雖然我們還沒有達到這一點，但已經採取了一些積極措施。第 8 章從醫學診斷的機器學習方法的歷史開始，並說明從手工編寫規則到醫學結果統計分析的過渡。與我們討論的許多主題一樣，關鍵部分是以機器學習程序能處理的格式表示醫療資訊。這一章會介紹電子健康記錄以及圍繞這些記錄的一些問題。在許多情況下，醫學圖像可能非常複雜，即使是熟練的人類專家也難以對這些圖像進行分析和解釋。在這些情況下，深度學習可以透過分類圖像和識別關鍵特徵來增強人類分析師的技能。第 8 章總結了一些深度學習如何用於分析來自各個領域的醫學圖像的例子。

如前述，機器學習正在成為藥物開發工作的關鍵組成部分。科學家使用深度學習模型來評估藥物分子和蛋白質之間的相互作用。這些相互作用可以引發對患者具有治療效果的生物反應。我們到目前為止討論過的模型是**判別模型**。輸入一組分子的特徵，該模型能產生一些屬性的預測。這些預測需要輸入的分子可來自大型分子資料庫或科學家的想像。若不是依靠現有的東西而是有一個可以"發明"新分子的計算機程序呢？第 9 章討論一種稱為**生成模型**的深度學習程序。生成模型最初在一組現有分子上訓練，然後用於產生新分子。產生這些分子的深度學習程序也可能受到預測新分子活性的其他模型的影響。

到目前為止我們以"黑盒子"討論深度學習模型，我們使用一組輸入數據呈現模型生成預測而沒有解釋預測的生成方式或原因。在許多情況下，這種類型的預測可能不是最佳的。如果有一個醫學診斷深度學習模型，我們必須了解診斷背後的推理。解釋診斷的推理能使醫生對預測更有信心，也可能影響治療決策。深度學習的一個歷史缺點是模型雖然經常可靠但很難解釋，目前正在開發許多技術以使用戶能夠更好地理解產生預測的因素。第 10 章討論了一些用於使人們理解模型預測的技術。預測模型的另一個重要方面是模型預測的準確性，了解模型的準確性可以幫助我們確定依賴該模型的程度。鑑於機器學習有潛力可進行挽救生命的診斷，因此理解模型準確性至關重要。第 10 章的最後一節討論可用於評估模型預測準確性的一些技術。

第 11 章使用 DeepChem 提供了一個真實的案例研究。在這個例子中，我們使用一種稱為虛擬篩選的技術來識別發現新藥的潛在起點。藥物發現是一個複雜的過程，通常以稱為**篩選**的技術開始。篩選用於鑑定可以最佳化以最終產生藥物的分子。篩選可以透過實驗進行，其中數百萬個分子在稱為檢測（assay）的小型化生物測試中進行測試，或者在使用虛擬篩選的計算機中進行測試。在虛擬篩選中，使用一組已知藥物或其他生物活性分子來訓練機器學習模型，然後使用該機器學習模型來預測大量分子的活性。由於機器學習方法的快速，通常可以在幾天的計算機時間內處理數百萬分子。

本書的最後一章探討深度學習在生命科學中的影響和未來潛力。討論當前工作的一些挑戰，包括數據集的可用性和品質。我們還強調了其他一些領域的機會和潛在缺陷，包括診斷、個人化醫療、藥物開發、生物學研究。

## 第二章

深度學習介紹

這一章的目標是介紹深度學習的基本原理，熟悉深度學習的讀者可略過。若經驗不多則應該仔細研讀這一章，它涵蓋閱讀本書其餘內容的基本知識。

我們討論的大部分題目需要建立一個數學函數：

$$\mathbf{y} = f(\mathbf{x})$$

注意 $\mathbf{x}$ 與 $\mathbf{y}$ 是粗體字。這表示它們是向量。函數的輸出入數字可多達數百萬。下面是一些函數的例子：

- $\mathbf{x}$ 是圖形中每個像素的顏色。$f(\mathbf{x})$ 等於 1 表示圖形是貓，否則為 0。

- 同上，但 $f(\mathbf{x})$ 應該是數字向量。第一個元素表示圖形是否為貓、第二個表示圖形是否為狗、第三個表示是否為飛機，依此類推幾千種不同的物件。

- $\mathbf{x}$ 是基因的 DNA 序列。$\mathbf{y}$ 是與基因中鹼基數量相同的向量。如果該鹼基是編碼蛋白質區域的一部分，則每個元素應等於 1，否則應為 0。

- $\mathbf{x}$ 描述一個分子的結構（後面章節會討論各種分子表示方法）。$\mathbf{y}$ 是描述分子物理屬性的元素的向量：如是否容易水解、鍵強度等。

如你所見，$f(\mathbf{x})$ 可以是一個非常複雜的函數！它通常需要一個長向量作為輸入並嘗試從中擷取不明顯的資訊。

解決這個問題的傳統方法是手工設計一個功能。從分析問題開始，什麼樣的像素模式表明貓的存在？什麼樣的 DNA 模式區分編碼區和非編碼區？你可以編寫電腦程式以識別特定類型的特徵，然後嘗試識別可產生所需結果的特徵組合。這個過程緩慢並耗費人力，且在很大程度上取決於執行者的專業知識。

機器學習採用完全不同的方法。你可以讓計算機根據數據學習出函數而不是手動設計函數。你收集千百萬個圖像，讓每個圖像都標記是否有貓。你將所有訓練數據輸入計算機並讓它搜索一個函數，該函數對於有貓的圖像始終接近 1，對於沒有貓的圖像則接近 0。

"讓計算機搜索出函數" 是什麼意思？通常就是建立一個定義一些大分類函數的**模型**。此模型包括**參數**，可以採用任何值的變數。透過選擇參數的值，可以從模型定義的類別中的所有函數中選擇一個特定函數。計算機的工作是選擇參數的值，它試圖找到訓練數據用作輸入時，輸出盡可能接近相應的目標的值。

線性模型

最簡單的模型是線性模型：

$$\mathbf{y} = \mathbf{Mx} + \mathbf{b}$$

等式中的 **M** 是矩陣（有時稱為 "權重（weight）"）而 **b** 是向量（稱為 "偏差（bias）"）。它們的大小由輸出入值的數量決定。若 **x** 的大小為 T 且你想要長度 S 的 **y**，則 **M** 是 S × T 矩陣，且 **b** 是長度為 S 的向量。它們一起組成此模型的參數，這個等式只是表示每個輸出元素是輸入元素的線性組合。你透過設定參數（**M** 與 **b**）選擇每個元素的線性組合。

這是最早的機器學習模型之一。它於 1957 年被引入，稱為**感知器**（*perceptron*）。這個名字是一個驚人的行銷活動：聽起來很科幻，似乎是個美妙的事物，而事實上它只不過是一個線性變換。無論如何，這個名字已經成功地堅持了半個多世紀。

線性模型很容易以完全通用的方式表達。無論應用在什麼問題上，它都具有完全相同的形式。線性模型之間的唯一差異是輸入和輸出向量的長度。此後只需選擇參數值，這可以透過通用演算法以簡單的方式完成。這正是我們對機器學習的期望：模型和演算法獨立於嘗試解決的問題外。只需提供訓練數據就會自動確定參數，將通用模型變換為解決問題的函數。

不幸的是線性模型限制很大。如圖 2-1 所示，線性模型（在一個維度上，也就是一條直線）根本無法符合大多數真實數據集。轉移到非常高維的數據時問題變得更加嚴重。圖像中的像素值的線性組合不能可靠的識別圖像是否包含貓。這種任務需要更複雜的非線性模型。實際上，任何解決這種問題的模型都必然非常複雜且非常非線性。但是我們如何以通用的方式編寫它呢？所有可能的非線性函數的空間都是無限複雜的。我們如何定義一個模型，只需選擇參數值就可以建立任何我們想要的非線性函數？

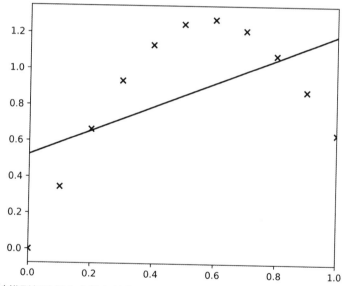

圖 2-1　一個線性模型無法符合曲線上的數據點，這需要非線性模型。

多層感知器

一種節點的做法是前後堆疊多個線性變換。例如：

$$\mathbf{y} = \mathbf{M}_2 \varphi(\mathbf{M}_1\mathbf{x} + \mathbf{b}_1) + \mathbf{b}_2$$

仔細觀察我們做了什麼。從一個普通線性變換 $\mathbf{M}_1\mathbf{x} + \mathbf{b}_1$ 開始，然後將結果傳給非線性的 $\varphi(x)$，再傳給第二個線性變換。稱為**激勵**（*activation*）**函數**的 $\varphi(x)$ 是運作基礎，沒有它則模型還是線性的，不會比前面的函數更好。線性組合的線性組合不會比原始輸入的線性組合好！加入非線性讓模型可以學習出更廣泛的函數。

不限於兩層線性變換，我們可以依需要堆疊任意數量的變換：

$$\mathbf{h}_1 = \varphi_1(\mathbf{M}_1\mathbf{x} + \mathbf{b}_1)$$

$$\mathbf{h}_2 = \varphi_2(\mathbf{M}_2\mathbf{h}_1 + \mathbf{b}_2)$$

$$\dots$$

$$\mathbf{h}_{n-1} = \varphi_{n-1}(\mathbf{M}_{n-1}\mathbf{h}_{n-2} + \mathbf{b}_{n-1})$$

$$\mathbf{y} = \varphi_n(\mathbf{M}_n\mathbf{h}_{n-1} + \mathbf{b}_n)$$

這種模型稱為**多層感知器**或 **MLP**。中間的步驟 h_i 稱為**隱藏層**，因為它們並非輸入或輸出，只是計算結果的程序中的中間值。還要注意到每個 $\varphi(x)$ 的下標，它表示不同層可能需要不同的非線性。

你可以將此計算視為一堆圖層，如圖 2-2 所示。每層對應一個線性變換跟著一個非線性。資訊從一層流到另一層，前一層的輸出作為下一層的輸入。每一層都有自己的一組參數用於決定如何根據輸入計算輸出。

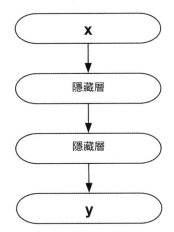

圖 2-2　多層感知器，資訊從一層流動到另一層。

多層感知器與變數又稱為**神經網路**，此名稱反映機器學習與神經生物學之間的相似之處。生物神經元連接到其他神經元，它接收來自它們的信號、將信號相加、然後根據結果發出自己的信號。你可以將 MLP 的工作方式粗略視為與大腦中的神經元一樣！

激勵函式 $\varphi(\mathbf{x})$ 應該是什麼？答案居然是不重要。當然，並不是完全不重要。雖然看起來不重要，但不像你預期的那樣。幾乎任何合理的函數（單調、平滑）都行。多年來已經嘗試了許多不同的函數，雖然有些函數比其他函數更好，但幾乎所有函數都可以產生不錯的效果。

當今最流行的激勵函式可能是**線性整流函數**（ReLU），$\varphi(x) = \max(0, x)$。如果你不確定使用什麼函式，這可能是一個很好的預設值。其他常見的選擇包括**雙曲正切** $\tanh(x)$ 和 S **函數**，$\varphi(x) = 1/(1 + e^{-x})$。這些函數如圖 2-3 所示。

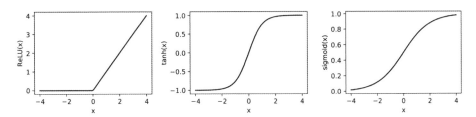

圖 2-3　三種常見的激勵函式：線性整流、雙曲正切、sigmoid。

我們還必須為 MLP 選擇另外兩個屬性：寬和深。簡單的線性模型沒有選擇，$\mathbf{x}$ 和 $\mathbf{y}$ 的長度決定 $\mathbf{M}$ 和 $\mathbf{b}$ 的大小。隱藏層則不是這樣，寬是指隱藏層的大小，我們可以任意選擇每個 $\mathbf{h}_i$ 的長度。視問題而定，你可能希望它們比輸入和輸出向量大或小。

深指模型層數量。只有一個隱藏層的模型稱為淺（*shallow*）。有多個隱藏層的模型稱為深（*deep*），這就是 "深度學習" 一詞的由來；它表示 "使用多層模型的機器學習"。

選擇模型層的數量和寬度涉及的技巧與科學一樣多。或者更正式的說法是："這還是一個有待研究的領域"。通常它只是嘗試許多組合，看看哪些有效。然而，有一些原則可以提供指導，或者至少可以幫助你了解事後的結果：

1. 具有一個隱藏層的 MLP 是**通用近似**。

   這意味著它可以完全逼近任何函數（在某些合理的限制範圍內）。從某種意義上說，你永遠不需要多個隱藏層，這已足以重現任何函數。不幸的是這個結果帶來了一個重要的警告：近似的精確度取決於隱藏層的寬，你可能需要一個非常寬的層以獲得足夠的精度。這帶出第二個原則。

2. 深模型往往比淺模型需要更少的參數。這個陳述刻意含糊不清。

   對於特定的特殊情況，可以證明更嚴格的陳述，但它仍然適用於一般準則。可能更好的說明方式是：每個問題都需要一個具有一定深度的模型才能有效的達到可接受的精度。在較淺的深度處，所需的層寬（以及參數的總數）迅速增加。這聽起來像你應該用深模型而不是淺模型。不幸的是，它與第三項原則部分矛盾。

3. 深模型往往比淺模型更難訓練。

   直到 2007 年左右，大多數機器學習模型都很淺。深模型的理論優勢是眾所周知的，但研究人員通常無法對其進行訓練。從那時起，一系列進步逐漸提高了深模型的實用性。這包括更好的訓練演算法、更容易訓練的新型模型、當然還有更快的計算機與更大的數據集相結合，這些進步引發 "深度學習" 領域。然而，儘管有所改進，但一般原則仍然是正確的：深的模型往往比淺模型更難訓練。

訓練模型

這帶出下一個主題：如何訓練模型？MLP 為我們提供了一個（大多數）通用模型，可用於任何問題（稍後會討論其他更特殊的模型）。現在我們想要一個類似的通用演算法來找到特定問題的模型參數的最優值。我們怎麼做？

當然，首先需要一系列數據來訓練它，該數據集稱為**訓練集**，它應該由稱為**樣本**的大量 **(x,y)** 對組成。每個樣本都指定模型的輸入，以及在該輸入下你希望模型的輸出。舉例來說，訓練集可以是圖像的集合加上表示每個圖像是否有貓的標籤。

接下來需要損失（loss）函式 $L(\mathbf{y}, \hat{\mathbf{y}})$，$\mathbf{y}$ 是模型的實際輸出，而 $\hat{\mathbf{y}}$ 是訓練集設定的目標值。這是評估模型是否很好的複製訓練數據的方法。然後它與訓練集的每個樣本平均：

$$平均損失 = \frac{1}{N} \sum_{i=1}^{N} L(\mathbf{y}_i, \hat{\mathbf{y}}_i)$$

$L(\mathbf{y}, \hat{\mathbf{y}})$ 應該在參數接近時小而遠離時大。換句話說，我們試著用訓練集的每個樣本作為模型輸入，並檢視輸出與目標值的距離後與整個訓練集平均。

每個問題都需要選擇合適的損失函式。常見的選擇是歐氏距離（Euclidean distance，又稱為 L_2 距離），$L(\mathbf{y}, \hat{\mathbf{y}}) = \sqrt{\Sigma_i \left(y_i - \hat{y}_i \right)^2}$（此運算式中的 y_i 表示 $\mathbf{y}$ 向量的第 i 個元素）。以 $\mathbf{y}$ 代表機率分佈時最常見的選擇是交叉熵（cross entropy），$L(\mathbf{y}, \hat{\mathbf{y}}) = -\Sigma_i y_i \log \hat{y}_i$。也有其他選項且沒有通用的 "最佳" 選項，視問題的細節而定。

有了評估模型表現的方法後，我們需要改善它的方法。我們想要找尋讓訓練集平均損失最小的參數值，方法有很多種，但大部分深度學習使用某種**梯度下降**（*gradient descent*）演算法。以 θ 表示模型的所有參數集合。梯度下降採取一系列小步驟：

$$\theta \leftarrow \theta - \epsilon \frac{\partial}{\partial \theta} \langle L \rangle$$

$\langle L \rangle$ 是訓練集平均損失。每個步驟 "向下" 移動一點距離。模型的參數一點點改變，目標是讓平均損失下降。若天時地利人和，則最終會產生能解決問題的參數。ϵ 稱為**學習率**，它決定每一步改變參數的大小。它需要很小心的選擇：值太小導致學習非常慢，太大則會妨礙演算法學習。

這個演算法確實有效，但有一個嚴重的問題。對於梯度下降的每一步，我們都需要遍歷訓練集的每個樣本。這意味著訓練模型所需的時間與訓練集的大小成正比！假設訓練集有一百萬個樣本，計算一個樣本的損失梯度需要一百萬個操作，並且需要一百萬步才能找到一個好的模型（這些數字都是真正的深度學習應用程式的典型代表）。因此訓練需要**萬兆**（*quintillion*）個運算。這需要相當長的時間，即使在快速的計算機上也是如此。

幸好有更好的方法：以較少的樣本做平均來評估 $\langle L \rangle$。這是**隨機**（*stochastic*）**梯度下降**（SGD）演算法的基礎。每個步驟從訓練集取一小量樣本（稱為**批次**，*batch*）並計算損失函式的梯度，只對批次中的樣本做平均。我們可以將此視為在整個訓練集上取平均值時所得到的估計，儘管可能是噪音非常多的估計。我們執行一個梯度下降步驟，然後為下一步選擇一批新樣本。

這種演算法會比較快。每個步驟所需的時間只看批次的大小，而批次可以很小（通常是數百個樣本）且與訓練集的大小無關。缺點是每個步驟降低的損失較少，因為它是根據噪音而非真正的梯度來評估梯度。然而整體訓練時間還是比較少。

大多數的深度學習使用的最佳化演算法都基於 SGD，但有許多變體以不同的方式對其進行改進。幸好你通常可以將這些演算法視為黑盒子，並相信它們可以做正確的事情而無需了解它們運作的所有細節。目前兩種最流行的演算法稱為 Adam 和 RMSProp。如果對使用什麼演算法有疑問，那麼其中任何一個演算法都可能是合理的選擇。

驗證

假設你已完成前述內容，收集了大量的訓練數據、選擇一個模型、然後執行訓練演算法直到損失變得非常小。恭喜，您現在有一個函式可以解決你的問題！

真的嗎？

對不起，並非如此簡單！你真正能確定的是該函式對**訓練數據**上執行良好。你希望它也可以很好的處理其他數據，但還不能確定。接下來必須驗證模型以確定它是否適用於沒訓練過的數據。

因此你需要第二個數據集，稱為**測試集**。它具有與訓練集完全相同的形式，即 (**x, y**) 對的集合，但兩者應該沒有相同的樣本。你以訓練集訓練模型，然後在測試集上進行測試。這帶給我們機器學習最重要的原則之一：

• 設計或訓練模型時絕對不能用到測試集。

實際上，測試集的數據最好連看都不看。測試集數據僅用於測試經過完全訓練的模型以了解其表現狀況。如果讓測試集以任何方式影響模型，則可能會產生在測試集上的表現比從未遇過的數據更好的模型。它不再是一個真正的測試集，而是另一種訓練集。

這與稱為**過適**（*overfitting*）的數學概念有關。訓練數據應該代表更大的數據分佈，即可能想要使用該模型的所有輸入的集合。但是你不能用所有可能的輸入訓練它。你只能建立一組有限的訓練樣本，在這些樣本上訓練模型並希望它能夠學習在其他樣本上同樣有效的一般策略。過適是指訓練時過度適應訓練樣本特有的特徵，使得模型在訓練樣本上較其他樣本的表現更好。

正規化

過適對機器學習是一個主要問題。因此已經開發了許多技術來避免它。這些技術統稱為**正規化**（*regularization*）。任何正規化技術的目標都是避免過適，並產生一個適用於任何輸入而不僅僅是用於訓練的特定輸入的模型。

在我們討論特定的正規化技術之前，有兩個理解重點。

首先，避免過適的最佳方法**幾乎總是**取得更多的訓練數據。訓練集越大，表示"真實"數據分佈越好，學習演算法過適的可能性就越小。當然有時是不可能的：也許你根本無法獲得更多數據，或者收集數據可能非常昂貴。在這種情況下，你只需要盡可能地利用你擁有的數據，如果過適是一個問題，您將不得不使用正規化來避免它。但是更多的數據可能會比正規化有更好的結果。

其次，沒有通用的"最佳"方式進行正規化。這一切都取決於問題。畢竟，訓練演算法並不知道它過適，它所知道的只是訓練數據。它不知道真實的數據分佈與訓練數據有什麼不同，因此它只能產生一個在訓練集上表現良好的模型。如果那不是你想要的，那就由你來告訴它。

這是任何正規化方法的本質：讓訓練過程偏差以使某些類型的模型優於其他模型。你預設"好"模型應具有哪些屬性以及它與過適模型的區別，然後告訴訓練演算法優先選擇具有這些屬性的模型。當然，這些預設通常是隱含的而不是明確的。透過選擇特定的正規化方法，預設可能並不明顯，但總是在那裡。

最簡單的正規化方法之一就是用較少的步驟訓練模型。在訓練初期，它往往會接受可能適用於真實分佈的訓練數據的粗略屬性。執行的時間越長就越有可能開始了解訓練樣本的細節。限制訓練步數可以降低過適的機會，更正式的說，你預設的"好"參數值不應該與訓練的任何值有太大的不同。

另一種方法是限制模型參數的大小。舉例來說，你可以在損失函數中添加一個與 $|\theta|^2$ 成比例的項，其中 θ 是包含所有模型參數的向量。如此則預設"好"參數值不應大於必要值，它反映了過適（雖然不一定）涉及一些參數變得非常大的事實。

一種非常流行的正規化方法稱為**丟棄**（*dropout*）。它涉及做一些起初看起來很荒謬但實際上效果出奇的好的事情。對模型中的每個隱藏層隨機選擇輸出向量 h_i 中的元素子集，並將它們設為 0，在梯度下降的每個步驟中選擇不同的隨機元素子集。這看起來只是破壞模型：內部計算隨機設為 0 時如何指望它可行？丟棄原理的數學理論有點複雜，簡單說就是假設模型中的個別計算不應該太重要。你應該能夠隨機刪除任何個別計算且模型的其餘部分應該在沒有它的情況下繼續運作，這迫使它學習冗餘、高度分散的數據表示，使得過適變得不可能。如果不確定要使用哪種正規化方法，則先嘗試使用丟棄。

超參數最佳化

前面看到有很多選擇要做，即使所謂使用"通用"學習演算法的通用模型也是如此。例如：

- 模型中的層數
- 每個層的寬
- 要執行的訓練步驟數量
- 訓練期間使用的學習率
- 丟棄時要設為 0 的元素的比例

這些選項稱為**超參數**（*hyperparameter*）。超參數是模型或訓練演算法中必須事先設定，而不是由訓練算法學習設定。但要如何選擇——根據數據自動選擇不就是機器學習的目的嗎？

這帶出**超參數最佳化**的主題。最簡單的方法就是為每個超參數嘗試很多值,看看哪種方法效果最好。想要為多個超參數嘗試大量值時,成本會變得非常昂貴,因此有更複雜的方法,但基本思想保持不變:嘗試不同的組合,看看什麼效果最好。

但是要如何分辨好壞?最簡單的答案是只看在訓練集上產生損失函數(或其他一些準確度)的最低值,但要記住這不是我們真正關心的。我們希望最小化測試集而不是訓練集的誤差,這對影響正規化的丟棄率等超參數尤其重要。較低的訓練集誤差可能僅意味著模型過適,對訓練數據最佳化。因此,我們想要嘗試大量的超參數值,然後使用讓測試集損失最小的值。

但我們不能這樣做!要記住:設計或訓練模型時不得以任何方式使用測試集。它的工作是告訴你模型可能對它以前從未見過的新數據有效。僅僅因為一組超參數在測試集上發揮最佳表現,並不能保證這些值始終能夠表現的最好。我們不能讓測試集影響模型,否則它不再是無偏差的測試集。

解決方法是建立另一個數據集,稱為**驗證集**。它不得與訓練集或測試集有任何相同的樣本。完整程序如下:

1. 以每組超參數值在訓練集上訓練模型,然後計算驗證集上的損失。

2. 無論哪一組超參數都能在驗證集上得到最低損失時,以它們作為最終模型。

3. 以測試集在最終模型執行以獲得其表現最公正的評估。

其他模型類型

這仍然需要另外做出一個決定,它本身就是一個巨大的主題:使用什麼類型的模型。前面介紹過多層感知器,它們的優點是可以應用於許多不同問題的通用模型。不幸的是,它們也有嚴重的缺點。它們需要大量參數,這使得它們非常容易過適,有一個或兩個以上的隱藏層時變得難以訓練。在許多情況下,使用問題專用的非通用的模型可以獲得更好的結果。

本書的大部分內容討論在生命科學中特別有用的特定模型,後面的章節會介紹。但為了基本介紹的目的,我們應該討論兩種非常重要的模型,它們被廣泛用於許多不同的領域。它們被稱為卷積神經網路和遞歸神經網路。

卷積神經網路

卷積神經網路（*Convolutional Neural Network*，CNN）是最廣泛使用的深層模型之一，它們用於圖像處理和計算機視覺。它們仍然是在矩形網格上採樣的連續數據的多種問題的最佳選擇：聲音信號（1D）、圖像（2D）、立體 MRI 數據（3D）等。

它們也是一類真正表示"神經網路"的模型，CNN 的設計最初的靈感來自貓科視覺腦皮層的運作（貓從一開始就在深度學習中發揮了核心作用）。從 1950 年代到 1980 年代進行的研究顯示視覺是透過一系列的層處理，第一層中的每個神經元從視野的小區域（**其感受野**）獲取輸入。不同的神經元專門用於檢測特定的局部圖案或特徵，例如垂直或水平線。第二層中的單元從第一層中的局部單元簇中獲取輸入，將它們的信號組合以在較大的感受野上檢測更複雜的圖案。每個圖層都可以被視為原始圖像的新表示，用比前一層中更大和更抽象的圖案來描述。

CNN 反映了這種設計，以一系列層發送輸入圖像。從這個意義上講，它們就像 MLP 一樣，但每層的結構都非常不同。MLP 使用**完全連接層**，輸出向量的每個元素都取決於輸入向量的每個元素。CNN 使用空間局部性的**卷積層**，每個輸出元素對應於圖像的小區域，並且僅取決於該區域中的輸入值。這極大的減少定義每個層的參數數量。實際上，它假設權重矩陣 $\mathbf{M}_i$ 的大多數元素是 0，因為每個輸出元素僅依賴於少量輸入元素。

卷積層更進一步：它們假設參數對於**圖像的每個局部區域**都是相同的。如果圖層使用一組參數來檢測圖像中某個位置的水平線，則它也會使用完全相同的參數來檢測圖像中其他位置的水平線，這使得圖層的參數數量與圖像的大小無關。它需要學習的只是一個**卷積內核**，它定義如何從圖像的任何局部區域計算輸出特徵。該局部區域通常非常小，可能是 5 乘 5 像素。在這種情況下，要學習的參數數量僅為每個區域的輸出要素數量的 25 倍。與完全連接層中的數量相比，這是微不足道的，使得 CNN 更容易訓練且比 MLP 更不容易過適。

遞歸神經網路

遞歸神經網路（*Recurrent Neural Network*，RNN）略有不同。它們通常用於處理採用元素序列形式的數據：文件中的單詞、DNA 分子中的鹼基等。序列中的元素一次一個輸入到網路的輸入中，但是網路做了一些非常不同的事情：每一層的輸出在下一步被回饋到自己的輸入中！這讓 RNN 具有某種記憶。序列中的元素（單詞、DNA 鹼基等）被送入網路時，每層的輸入取決於該元素，但也取決於所有先前的元素（圖 2-4）。

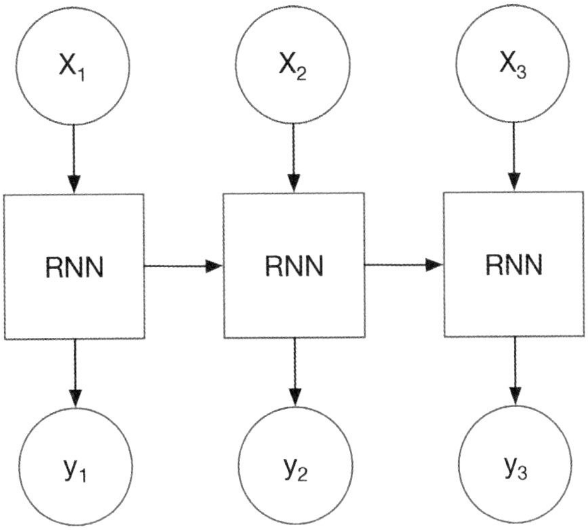

圖 2-4　遞歸神經網路。輸入序列的每個元素（$x_1, x_2, ...$），輸出（$y_1, y_2, ...$）視輸入元素與 RNN 本身先前步驟的輸出而定。

因此，遞歸層的輸入有兩部分：正規輸入（即網路中前一層的輸出）和遞歸輸入（等於上一步的輸出），然後它根據這些輸入計算新輸出。原則上你可以使用完全連接層，但在實務上通常不能很好的運作。研究人員開發了其他類型的層，這些層在 RNN 中的效果更好。兩個最受歡迎的層稱為**閘控遞歸單元**（*gated recurrent unit*，GRU）和**長短期記憶**（*long short-term memory*，LSTM）。現在不要擔心細節；只需記住建立 RNN 時通常應該使用其中一種類型的層來。

記憶能力使得 RNN 與我們討論過的其他模型有根本的不同。使用 CNN 或 MLP 只需將值輸入網路的輸入並獲得不同的值，輸出完全由輸入決定。RNN 並非如此，該模型有自己的內部狀態，由最近一步的所有層的輸出組成。每次將新值提供給模型時，輸出不僅取決於輸入值，還取決於內部狀態。同樣的，每個新輸入值都會改變內部狀態，這使得RNN 非常強並能用於許多不同的應用程序。

推薦閱讀

深度學習是一個很大的課題,這一章做出最簡單的介紹應該足以幫助你閱讀和理解本書的其餘部分,但如果打算在這一領域認真發展,您需要更全面的背景知識。幸運的是,網路上有很多優秀的深度學習資源。以下是一些參考建議:

- *Neural Networks and Deep Learning*(*http://neuralnetworksanddeeplearning.com*),Michael Nielsen 著(Determination Press)討論與本章大致相同的內容,但詳細介紹了每個主題。如果你想深入深度學習的基礎知識並在工作中使用,這是一個很好的起點。

- Ian Goodfellow、Yoshua Bengio、Aaron Courville 的 *Deep Learning*(MIT Press,*http://www.deeplearningbook.org*)是該領域一些頂尖研究人員寫的更高階的介紹,這本書希望讀者有類似於計算機科學研究生的背景,並深入研究該主題背後的數學理論。你可以輕鬆使用深模型而無需理解所有理論,但如果想在深度學習中進行原創性研究(而不是僅僅使用深模型作為解決其他領域問題的工具),本書是一本很棒的資源。

- Bharath Ramsundar 和 Reza Zadeh 的 *TensorFlow for Deep Learning*(O'Reilly)提供了一個從業者對深度學習的介紹,旨在建立關於核心概念的直覺而不深入研究這些模型的數學基礎。對於那些對深度學習的實踐方面感興趣的人來說,這可能是一個有用的參考。(繁體中文版書名為《初探深度學習 | 使用 *TensorFlow*》,碁峰資訊出版)

## 第三章

DeepChem 機器學習

本章介紹 DeepChem 的機器學習，它是一個建立在 TensorFlow 平台之上的函式庫，用於促進生命科學中的深度學習。DeepChem 提供了大量適用於生命科學應用的模型、演算法、數據集。本書的其餘部分使用 DeepChem 來執行我們的案例研究。

> **為何不使用 *Keras*、*TensorFlow*、或 *PyTorch*？**
>
> 這是一個常見的問題。簡短的回答是，這些套件的開發者將注意力集中在對核心用戶有用的某些類型的使用上，例如圖像處理、文字處理、語音分析等。但是在這些函式庫中，分子處理、遺傳數據集、或微觀數據集通常沒有同等的水平。DeepChem 的目標是為這些應用程序提供一流的函式庫，這意味著提供自定義深度學習原始型別、支援所需的文件類型、以及針對這些運用的大量教學和文件。
>
> DeepChem 還可以與 TensorFlow 生態系統整合，因此你應該能夠將 DeepChem 程式碼與其他 TensorFlow 應用程序程式碼混合運用。

本章的其餘部分，假設你已在計算機上安裝 DeepChem 且準備好執行範例。如果你沒有安裝 DeepChem，可至 DeepChem 網站（*https://deepchem.io/*）並按照系統的安裝說明進行操作。

DeepChem 在 Windows 上的支援

DeepChem 目前不支援在 Windows 上安裝。如果可能，建議你使用 Mac
或 Linux 工作站執行本書的範例。我們從使用者那裡聽說 DeepChem
可以在最新的 Windows 版本中使用 Windows Subsystem for Linux
（WSL）。

如果你無法在 Mac 或 Linux 上執行或使用 WSL，我們很樂意幫助你獲得
DeepChem 的 Windows 支援。請聯繫作者，說明你所遇到的具體問題，
我們將嘗試解決這些問題。我們希望在本書的未來版本中排除此限制並支
援 Windows。

DeepChem 數據集

DeepChem 使用基本的 Dataset 物件包裝機器學習使用的數據。Dataset 帶有樣本的資
訊：輸入向量 x、輸出向量 y、以及樣本表示說明等其他資訊。Dataset 有對應不同數據
存儲方式的子類別，會被大量使用的 NumpyDataset 物件包裝 NumPy 陣列。這一節以一
段簡單的程式碼示範如何使用 NumpyDataset。這些程式碼可從 Python 直譯器介面輸入；
必要時會列出其輸出。

我們從一個簡單的匯入開始：

```
import deepchem as dc
import numpy as np
```

讓我們建構一些簡單的 NumPy 陣列：

```
x = np.random.random((4, 5))
y = np.random.random((4, 1))
```

此資料集有四個樣本。x 陣列中的每個樣本有五個元素（“特徵”），y 的每個樣本有一個
元素。讓我們看一下樣本陣列（注意，在本機執行此程式碼時應該會看到不同的隨機種
子產生出的不同數值）：

```
In : x
Out:
array([[0.960767 , 0.31300931, 0.23342295, 0.59850938, 0.30457302],
    [0.48891533, 0.69610528, 0.02846666, 0.20008034, 0.94781389],
    [0.17353084, 0.95867152, 0.73392433, 0.47493093, 0.4970179 ],
    [0.15392434, 0.95759308, 0.72501478, 0.38191593, 0.16335888]])
```

```
In : y
Out:
array([[0.00631553],
    [0.69677301],
    [0.16545319],
    [0.04906014]])
```

將這些陣列包裝在 NumpyDataset 物件中：

```
dataset = dc.data.NumpyDataset(x, y)
```

我們可以解開 dataset 物件以取得儲存在其中的原始陣列：

```
In : print(dataset.X)
[[0.960767 0.31300931 0.23342295 0.59850938 0.30457302]
 [0.48891533 0.69610528 0.02846666 0.20008034 0.94781389]
 [0.17353084 0.95867152 0.73392433 0.47493093 0.4970179 ]
 [0.15392434 0.95759308 0.72501478 0.38191593 0.16335888]]

In : print(dataset.y)
[[0.00631553]
 [0.69677301]
 [0.16545319]
 [0.04906014]]
```

注意這些陣列與原始的 x 和 y 陣列相同：

```
In : np.array_equal(x, dataset.X)
Out : True

In : np.array_equal(y, dataset.y)
Out : True
```

其他資料集型別

如前述，DeepChem 支援其他型別的 Dataset 物件，這些型別在處理不能全部儲存在電腦記憶體中的大資料集時很有用。還有讓 DeepChem 使用 TensorFlow 的 tf.data 資料集載入工具的整合，我們會在有需要時介紹這些函式庫功能。

訓練模型以預測分子毒性

這一節示範如何使用 DeepChem 來訓練模型預測分子的毒性。後面的章節會深入解釋如何預測分子毒性，但這一節會將它當做黑盒子以檢視 DeepChem 模型如何解決機器學習問題。讓我們從匯入說起：

```
import numpy as np
import deepchem as dc
```

下一步是載入相關的毒性數據集以供訓練機器學習模型。DeepChem 的 dc.molnet 模組（MoleculeNet 的縮寫）有幾個預先處理過的資料集可用於機器學習實驗，我們會利用 dc.molnet.load_tox21() 函式載入與處理 Tox21 毒性資料集。第一次執行此命令時，DeepChem 會在本機處理此資料集。你應該會看到如下的處理記錄：

```
In : tox21_tasks, tox21_datasets, transformers = dc.molnet.load_tox21()
Out: Loading raw samples now.
shard_size: 8192
About to start loading CSV from /tmp/tox21.CSV.gz
Loading shard 1 of size 8192.
Featurizing sample 0
Featurizing sample 1000
Featurizing sample 2000
Featurizing sample 3000
Featurizing sample 4000
Featurizing sample 5000
Featurizing sample 6000
Featurizing sample 7000
TIMING: featurizing shard 0 took 15.671 s
TIMING: dataset construction took 16.277 s
Loading dataset from disk.
TIMING: dataset construction took 1.344 s
Loading dataset from disk.
TIMING: dataset construction took 1.165 s
Loading dataset from disk.
TIMING: dataset construction took 0.779 s
Loading dataset from disk.
TIMING: dataset construction took 0.726 s
Loading dataset from disk.
```

featurizing 程序將分子資訊資料集轉換成機器學習分析用的矩陣與向量，後面會深入討論此程序。接下來稍微看一下處理過的資料。

dc.molnet.load_tox21() 函式回傳多個輸出：tox21_tasks、tox21_datasets、transformers
如下：

```
In : tox21_tasks
Out:
['NR-AR',
 'NR-AR-LBD',
 'NR-AhR',
 'NR-Aromatase',
 'NR-ER',
 'NR-ER-LBD',
 'NR-PPAR-gamma',
 'SR-ARE',
 'SR-ATAD5',
 'SR-HSE',
 'SR-MMP',
 'SR-p53']

In : len(tox21_tasks)
Out: 12
```

這裡的 12 項任務中的每一項都與特定的生物實驗相對應。此例中，這些任務中的每一
個都用於酶測定，測量 Tox21 資料集的分子是否與所討論的生物學靶標結合，NR-AR 等
術語對應於這些目標。此例中，這些目標中的每一個都是一種特殊的酶，被認為與對潛
在治療分子的毒性反應有關。

需要懂得多少生物學？

生物學術語對於剛進入生命科學的計算機科學家和工程師來說很複雜。然
而，要開始對生命科學產生影響不一定要對生物學有深刻的理解。如果你
的主要背景是計算機科學，那麼嘗試用計算機科學來理解生物系統會很有
用。想像一下，細胞或動物是你無法控制的複雜老舊程式庫。作為一名工
程師，你可以對這些系統進行一些實驗測量（化驗），你可以使用這些系
統來了解底層機制。機器學習是理解生物系統的一個非常強大的工具，因
為學習演算法能夠以大多數自動方式擷取有用的關係。這使得即使是生物
學初學者有時也能找到深刻的生物學見解。

本書會簡要討論基礎生物學，這些筆記可以作為大量生物學文獻的切入
點。維基百科等公共參考文獻通常包含大量有用的資訊，可幫助你進行生
物學教育。

接下來看看 tox21_datasets。複數形式告訴我們此欄位實際上是帶有多個 dc.data.
Dataset 物件的資料組：

```
In : tox21_datasets
Out:
(<deepchem.data.datasets.DiskDataset at 0x7f9804d6c390>,
 <deepchem.data.datasets.DiskDataset at 0x7f9804d6c780>,
 <deepchem.data.datasets.DiskDataset at 0x7f9804c5a518>)
```

此例中，這些資料集對應到前述的訓練、檢驗、與測試集。你可能會注意到它們是
DiskDataset 物件；dc.molnet 模組在磁碟快取住這些資料集，使你無需重複解開 Tox21
資料集。將這些資料集正確分開：

```
train_dataset, valid_dataset, test_dataset = tox21_datasets
```

處理新資料集時，先觀察它的外形，從檢查 shape 屬性開始：

```
In : train_dataset.X.shape
Out: (6264, 1024)

In : valid_dataset.X.shape
Out: (783, 1024)

In : test_dataset.X.shape
Out: (784, 1024)
```

train_dataset 有 6264 個樣本，各個樣本的特徵向量長度為 1024。類似的，valid_
dataset 與 test_datset 各有 783 與 784 個樣本。接下來看一下這些資料集的 y 向量：

```
In : np.shape(train_dataset.y)
Out: (6264, 12)

In : np.shape(valid_dataset.y)
Out: (783, 12)

In : np.shape(test_dataset.y)
Out: (784, 12)
```

每個樣本有 12 個數據點，也稱為**標籤**，這對應於我們之前討論的 12 個任務。此資料集
的樣品對應於分子、任務對應於生物化學化驗、每個標籤是對特定分子的化驗結果。這
些是我們想要訓練我們的模型來預測的對象。

然而有一個問題：Tox21 的實際實驗數據集沒有測試每個生物實驗中的每個分子，這意味著其中一些標籤是無意義的空白。我們根本沒有任何關於某些分子特性的數據，因此在訓練和測試模型時我們需要忽略這些陣列元素。

我們如何找到實際測量的標籤？我們可以檢查數據集記錄權重的 w 欄位。計算模型的損失函數時，我們在對任務和樣本加總前乘以 w。這可以用於一些目的，其中一個是標記遺失的數據。如果標籤的權重為 0，則該標籤不會影響損失，在訓練期間會被忽略。讓我們進行一些動作以找出數據集實際測量了多少個標籤：

```
In : train_dataset.w.shape
Out: (6264, 12)

In : np.count_nonzero(train_dataset.w)
Out: 62166

In : np.count_nonzero(train_dataset.w == 0)
Out: 13002
```

標籤陣列中 6,264 × 12 = 75,168 個元素中只有 62,166 實際有測量過，其餘 13,002 個沒有測量且應該忽略。你可能會問為何還要保存這種記錄，主要是因為方便；不一致的陣列較有權重的一致陣列更難以用程式處理。

資料集的處理具挑戰性

需要注意的是清理和處理用於生命科學的數據集可能極具挑戰性，許多原始數據集包含系統類錯誤。如果對象數據集是由外部組織（契約研究組織，CRO）進行的實驗產生的，那麼數據集很可能有系統錯誤。出於這個原因，許多生命科學組織在內部僱用科學家以驗證和清理這些數據集。

如果你的機器學習演算法不適用於生命科學任務，那麼根本原因很可能不是來自演算法，而是源於你使用的數據源中的系統錯誤。

接下來看看 load_tox21() 回傳的最終輸出 transformers，它是以某種方式修改資料集的物件。DeepChem 有很多轉換程序可修改資料。MoleculeNet 中的資料載入程序總是回傳套用數據上的轉換程序，因為之後可能需要 "復原轉換" 數據。讓我們看看此例中有什麼：

```
In : transformers
Out: [<deepchem.trans.transformers.BalancingTransformer at 0x7f99dd73c6d8>]
```

此處的數據已經使用 BalancingTransformer 進行了轉換。該類別用於校正不平衡數據。對 Tox21 來說，大多數分子不與大多數靶標結合。實際上，超過 90% 的標籤都是 0。這意味著無論是什麼輸入，模型都可以簡單的透過預測 0 來實現 90% 以上的準確度。不幸的是，這樣的模型完全沒用！某些類別的訓練樣本比其他類別多的不平衡數據是分類任務中的常見問題。

幸好有一個簡單的解決方案：調整數據集的權重矩陣以進行補償。BalancingTransformer 調整各個數據點的權重使分配給每個類的總權重相同。這樣做使損失函數對任何一個類別都沒有系統偏好，只有透過學習正確區分類別才能減少損失。

我們已經探索了 Tox21 數據集，讓我們開始探索如何在這些數據集上訓練模型。DeepChem 的 dc.models 子模組包含各種不同的生命科學模型，這些不同的模型都繼承自 dc.models.Model。這個父類別提供一致的 Python 通用 API。如果你已經使用過其他 Python 機器學習套件，你會發現很多 dc.models.Model 的方法看起來都很熟悉。

這一章不會真正深入研究這些模型的細節。相反的，我們只提供標準 DeepChem 模型 dc.models.MultitaskClassifier 初始化的例子。此模型建立了一個完全連接網路（一個 MLP），可將輸入特徵對應到多個輸出預測，這使得它對每個樣本有多個標籤的多任務問題很有用。它非常適合我們的 Tox21 數據集，因為我們總共有 12 種不同的檢測方法，我們希望同時進行預測。讓我們看看如何在 DeepChem 中建構 MultitaskClassifier：

```
model = dc.models.MultitaskClassifier(n_tasks=12,
n_features=1024,
layer_sizes=[1000])
```

它有各種不同的選項，讓我們稍微看一下。n_tasks 是任務數量，n_features 是每個樣本的輸入特徵數量。如前述，Tox21 資料集有 12 個任務，每個樣本有 1,024 個特徵。layer_sizes 設定網路中完全連結隱藏層的數量與寬。此例指定一個寬為 1,000 的隱藏層。

模型建構後要如何以 Tox21 資料集訓練？每個 Model 物件都有個 fit() 方法結合模型與 Dataset 物件中的資料。結合 MultitaskClassifier 物件只需一個呼叫：

```
model.fit(train_dataset, nb_epoch=10)
```

注意我們加上一個旗標。nb_epoch=10 表示要執行 10 個世代的梯度下降訓練。世代（*epoch*）指完整處理一輪資料集樣本。為訓練模型，你將訓練集分成批次並對每個批次做一步梯度下降。理想中，你會在資料用完前得到最佳化模型。實務上通常沒有足夠的數據，因此在模型完全訓練好之前就會用完數據，所以必須重複使用數據、額外對資料集多做幾輪。如此可用較小的資料訓練模型，但世代越多則越有可能產生過適模型。

接下來評估訓練過的模型的表現。為評估模型的表現，必須指定一個指標。DeepChem 的 dc.metrics.Metric 類別有個指定模型指標的通用方式。對 Tox21 資料集，ROC AUC 分數是個有用的指標，所以我們的分析就用它。但要注意：Tox21 有多個任務，我們要計算哪一個的 ROC AUC？一種好方法是計算所有 ROC AUC 分數的平均值。幸好這個很容易：

```
metric = dc.metrics.Metric(dc.metrics.roc_auc_score, np.mean)
```

由於我們指定了 np.mean，它會回傳所有 ROC AUC 的平均分數。DeepChem 模型支援計算指定資料集與指標的 model.evaluate() 函式：

ROC AUC

我們希望將分子分類為有毒或無毒，但該模型輸出連續數而不是離散預測。實務上，你選擇一個閾值並在輸出大於閾值時預測分子是有毒的。低閾值將產生許多假陽性（預測安全分子實際上是有毒的）。閾值越高，假陽性越少，但假陰性越多（錯誤的預測有毒分子是安全的）。

接收器操作特性（*receiver operating characteristic*，ROC）曲線是這種取捨的視覺化方式。你嘗試了多種不同的閾值，然後在閾值變化時繪製真陽性率與假陽性率的曲線。一個例子如圖 3-1 所示。

ROC AUC 是 ROC 曲線下的總面積。曲線下面積（*area under the curve*，AUC）表示模型區分不同類別的能力。如果有正確分類每個樣本的閾值，則 ROC AUC 分數為 1。在另一個極端，如果模型輸出與真實分類無關的完全隨機值，則 ROC AUC 分數為 0.5。這使得它成為歸納分類器工作情況的有用數字。它只是一種啟發式方法，但很受歡迎。

```
train_scores = model.evaluate(train_dataset, [metric], transformers)
test_scores = model.evaluate(test_dataset, [metric], transformers)
```

接下來計算分數！

```
In : print(train_scores)
...: print(test_scores)
Out
{'mean-roc_auc_score': 0.9659541853946179}
{'mean-roc_auc_score': 0.7915464001982299}
```

注意訓練集的得分（0.96）遠遠優於測試集的得分（0.79），這表明該模型已經過適。我們真正關心的是測試集得分，這些數字在這個數據集上並不是最好的——撰寫本文時，Tox21 數據集的最新 ROC AUC 分數略低於 0.9 —— 但以一個現成系統來說並不差。12個任務其中之一的完整 ROC 曲線如圖 3-1 所示。

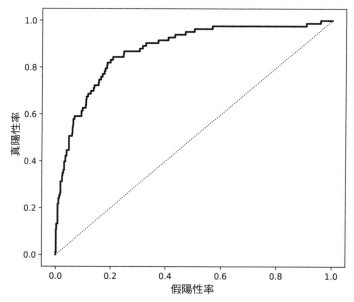

圖 3-1　12 個任務其中之一的 ROC 曲線。虛線對角線顯示了隨機猜測的模型的曲線。實際曲線一直遠高於對角線，表示我們比隨機猜測做得更好。

案例研究：訓練 MNIST 模型

前面介紹了使用 DeepChem 訓練機器學習模型的基礎知識。但是我們使用了預製模型的 `dc.models.MultitaskClassifier` 類別，有時你可能想要新建深度學習架構而不是使用預先配置的架構。這一節討論如何在 MNIST 數字識別數據集上訓練一個卷積神經網路，這次我們將自行指定完整的深度學習架構而不是使用前面範例中的預製架構。為此，我們會介紹 `dc.models.TensorGraph` 類別，此類提供在 DeepChem 中建構深層體系結構的框架。

何時使用罐裝模型？

這一節會對 MNIST 使用自定架構。前面的範例使用 "罐裝"（也就是預先定義好的）架構。什麼時候使用這種架構？如果罐裝架構已經除錯也可以使用它。但若使用沒有適合架構的新資料集，通常要自定架構。同時熟悉罐裝與自定架構很重要，因此這一章會兼顧兩方。

MNIST 數字識別數據集

MNIST 數字識別數據集（見圖 3-2）需要建構一個可正確學習手寫數字以進行分類的機器學習模型。挑戰是將 28 × 28 像素的黑白圖像數字做 0 到 9 分類。該數據集包含 60,000 個訓練範例和 10,000 個測試範例。

```
1 5 6 6 8 3 6 8 9 4
2 2 0 2 8 5 6 5 5 1
6 3 8 8 0 1 5 4 1 5
2 1 9 8 0 3 3 6 4 1
7 9 1 4 9 9 2 4 5 1
3 7 3 9 3 6 7 2 4 3
3 5 1 9 7 4 9 3 4 9
0 1 6 0 5 2 8 5 7
5 6 7 2 9 1 0 2 8 9
0 4 7 1 2 6 6 0 9 0
```

圖 3-2　從 MNIST 手寫數字識別數據集抽出的樣本（來源：*https://github.com/mnielsen/rmnist/blob/master/data/rmnist_10.png*）。

就機器學習問題而言，MNIST 數據集並不是特別難。數十年的研究已經產生了最先進的演算法，可以在該數據集上實現接近 100％的測試集正確率。因此 MNIST 數據集不再適用於研究工作，但它是用於教學的良好工具。

> *DeepChem 只是用於生命科學？*
>
> 如前述，將其他深度學習套件用於生命科學應用是完全可行的，同樣也可以使用 DeepChem 建構通用機器學習系統。雖然在 DeepChem 中建構電影推薦系統可能比使用更專業的工具更麻煩，但這樣做是可行且有充分的理由：有多項研究正在使用推薦系統演算法作分子結合預測。在一個領域中使用的機器學習架構傾向於轉移到其他領域，因此保持創新工作所需的靈活性非常重要。

MNIST 的卷積架構

DeepChem 使用 TensorGraph 類別建構非標準的深度學習架構。這一節介紹建構圖 3-3 所示的卷積體系結構所需的程式碼，它以兩個卷積層開始識別圖像中的局部特徵。它們之後是兩個完全連接層，用於預測這些局部特徵的數字。

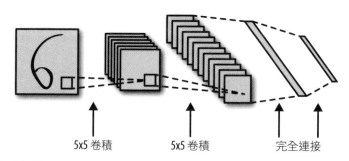

5x5 卷積   5x5 卷積   完全連接

圖 3-3 這一節會建構的 MNIST 資料集處理架構。

執行下列命令以下載原始 MNIST 資料檔並儲存在本機：

```
mkdir MNIST_data
cd MNIST_data
wget http://yann.lecun.com/exdb/mnist/train-images-idx3-ubyte.gz
wget http://yann.lecun.com/exdb/mnist/train-labels-idx1-ubyte.gz
wget http://yann.lecun.com/exdb/mnist/t10k-images-idx3-ubyte.gz
wget http://yann.lecun.com/exdb/mnist/t10k-labels-idx1-ubyte.gz
cd ..
```

載入資料集：

```
from tensorflow.examples.tutorials.mnist import input_data
mnist = input_data.read_data_sets("MNIST_data/", one_hot=True)
```

處理原始資料以轉換成適合 DeepChem 分析的格式。從匯入開始：

```
import deepchem as dc
import tensorflow as tf
import deepchem.models.tensorgraph.layers as layers
```

deepchem.models.tensorgraph.layers 模組有一組 "層"。這些層是深度架構的基本元件，可組成新的深度學習架構，稍後會展示如何使用層物件。接下來建構 NumpyDataset 物件來包裝 MNIST 訓練與測試數據集：

```
train_dataset = dc.data.NumpyDataset(mnist.train.images, mnist.train.labels)
test_dataset = dc.data.NumpyDataset(mnist.test.images, mnist.test.labels)
```

注意雖然最初沒有定義測試數據集，但 TensorFlow 的 input_data() 函數負責分離出適合我們使用的測試數據集。有了訓練和測試數據集，我們現在可以將注意力轉向定義 MNIST 卷積網路的架構。

此處的關鍵概念在於組合層物件以建構新模型。如前述，每個層都從前面的層中獲取輸入並計算傳遞給後續層的輸出。最開始的輸入層輸入特徵和標籤，另一端是輸出層，它回傳計算結果。此例中，我們將組合一系列層以建構圖像處理卷積網路。首先定義一個新的 TensorGraph 物件：

```
model = dc.models.TensorGraph(model_dir='mnist')
```

model_dir 選項指定儲存模型參數的目錄。你可以如前面的範例一樣省略這一項，但模型就不會被儲存。模型訓練結果在關閉 Python 直譯器後就會丟棄！指定目錄可讓你在之後載入模型並進行新的預測。

注意 TensorGraph 繼承自 dc.models.Model，並支援前述的 fit() 與 evaluate() 函式：

```
In : isinstance(model, dc.models.Model)
Out: True
```

我們還沒有對 model 加上任何東西，因此模型不可能有趣。讓我們使用 Feature 與 Label 類別加入一些特徵與標籤：

```
feature = layers.Feature(shape=(None, 784))
label = layers.Label(shape=(None, 10))
```

MNIST 的圖形大小為 28 × 28，展開後的特徵向量長度為 784。標籤的第二個維度為 10，因為有 10 個可能的數字且向量為獨熱編碼。注意 None 用於輸入維度。在 TensorFlow 建置的系統上，None 值用於接受任意大小維度的輸入。換句話說，feature 物件能夠接受 (20, 784) 與 (97, 784) 等輸入。此例中，第一個維度對應批次大小，因此我們的模型能夠接受任意樣本數量的批次。

獨熱編碼

MNIST 資料集是明確的。也就是說物件屬於有限分類其中的一類。此例中，分類是數字 0 到 9。要如何將分類輸入機器學習系統？一個明顯的答案是輸入從 0 到 9 的數字。但因為各種技術原因，這種編碼通常不好。另一種常用的方式是獨熱編碼（one-hot encode）。每個 MINST 標籤是長度 10 的向量，其中一個元素設為 1 而其他為 0。若非零值在第 0 個索引則標籤對應數字 0。若非零值在第 9 個索引則標籤對應數字 9。

為套用卷積層到輸入中，以 Reshape 層將展開後的特徵向量轉換成 (28, 28) 矩陣：

```
make_image = layers.Reshape(shape=(None, 28, 28), in_layers=feature)
```

此處同樣以 None 值表示可處理任意批次大小。注意 in_layers=feature 關鍵字參數表示 Reshape 層以前面的 Feature 層的 feature 作為輸入，成功轉換輸入後可將它傳給卷積層：

```
conv2d_1 = layers.Conv2D(num_outputs=32, activation_fn=tf.nn.relu,
                         in_layers=make_image)
conv2d_2 = layers.Conv2D(num_outputs=64, activation_fn=tf.nn.relu,
                         in_layers=conv2d_1)
```

Conv2D 類別將一個 2D 卷積套用在每個輸入樣本上，然後傳給線性整流函數（rectified linear unit，ReLU）激勵函式。注意 in_layers 沿前層作為輸入傳給後層。卷積層輸出最後套用到 Dense（完全連接）層，但 Conv2D 的輸出是 2D，因此要先套用 Flatten 層將輸出展開成一維（更精確的說是 Conv2D 層對每個樣本產生一個 2D 輸出，因此其輸出為三維；Flatten 層將它展開成每個樣本一維或全部二維）：

```
flatten = layers.Flatten(in_layers=conv2d_2)
dense1 = layers.Dense(out_channels=1024, activation_fn=tf.nn.relu,
                      in_layers=flatten)
dense2 = layers.Dense(out_channels=10, activation_fn=None, in_layers=dense1)
```

Dense 層的 out_channels 參數指定層寬。第一層每個樣本輸出 1024 個值,但第二層輸出 10 個值,對應 10 個可能的數字。接下來要將輸出轉給損失函式以訓練輸出供準確的預測類別。我們使用 SoftMaxCrossEntropy 損失執行這種訓練:

```
smce = layers.SoftMaxCrossEntropy(in_layers=[label, dense2])
loss = layers.ReduceMean(in_layers=smce)
model.set_loss(loss)
```

注意 SoftMaxCrossEntropy 層以標籤與 Dense 層的輸出作為輸入。它計算每個樣本的損失函式值,然後我們將所有樣本平均以取得最終損失。這要靠 ReduceMean 層,它以 model.set_loss() 設定。

SoftMax 與 SoftMaxCrossEntropy

你經常需要模型輸出機率分佈。對 MNIST,我們想要輸出樣本代表 10 個數字的機率,每個輸出必須是正數且加總為 1。最簡單的做法是讓模型計算任意數,然後傳給名稱意義有問題的 *softmax* 函式:

$$\sigma_i(x) = \frac{e^{x_i}}{\sum_j e^{x_j}}$$

分子中的指數確保所有值都為正且分母中的加總確保它們加起來為 1。如果 x 的一個元素比其他元素大得多,則相應的輸出元素非常接近 1,而所有其他元素的輸出非常接近 0。

SoftMaxCrossEntropy 先使用 softmax 函數將輸出轉換成機率,然後計算標籤與機率的交叉熵。記得標籤是獨熱編碼:1 是正確類別,其他為 0。你可以把它視為機率分佈!損失在正確類別的預測機率接近 1 時最小。這兩項運算(softmax 後交叉熵)通常一起出現,一併計算較分開計算在數值上更穩定。

為了數值穩定性,像 SoftMaxCrossEntropy 這樣的層以對數機率計算。我們需要使用 SoftMax 層轉換輸出以獲得每類輸出機率。我們使用 model.add_output() 將輸出加入模型:

```
output = layers.SoftMax(in_layers=dense2)
model.add_output(output)
```

接下來可以使用前一節呼叫過的 `fit()` 函式訓練模型：

```
model.fit(train_dataset, nb_epoch=10)
```

注意此方法呼叫在一般電腦上可能需要一些時間執行！若不能很快執行可嘗試 `nb_epoch=1`。結果可能很糟，但可以更快的進行後面的動作。

這一次將指標定義為準確預測標籤：

```
metric = dc.metrics.Metric(dc.metrics.accuracy_score)
```

然後跟之前一樣計算正確率：

```
train_scores = model.evaluate(train_dataset, [metric])
test_scores = model.evaluate(test_dataset, [metric])
```

表現非常好：訓練資料集的正確率為 0.999，測試資料集為 0.991。我們的模型對測試樣本的正確率超過 99%。

使用 GPU

如你所見，深度學習的程式碼跑很慢！在一般筆記型電腦上訓練卷積神經網路要超過一小時以上。這是因為程式碼對圖形資料跑大量線性代數運算，大部分 CPU 不擅長這種計算。

如果可能就使用 GPU，這些顯示卡本來用於遊戲，但可執行多種數值運算。新式深度學習在 GPU 上跑得快很多。本書的範例在 GPU 上很容易完成。

沒有 GPU 也不用擔心。你還是能夠完成本書的計算——只是時間比較久（等待時可以泡茶或看書）。

結論

這一章使用 DeepChem 函式庫實作一些簡單的機器學習系統。接下來我們會繼續使用 DeepChem，因此不需要擔心還沒掌握這個函式庫，後面還有很多例子。

接下來會開始介紹生命科學資料集機器學習的基本概念，下一章討論分子的機器學習。

## 第四章

分子的機器學習

這一章討論分子數據進行機器學習的基礎知識。深入研究這一章之前，我們會討論為什麼分子機器學習可以成為一個富有成效的研究課題。許多現代材料科學和化學是由設計具有所需特性的新分子的需求驅動的。雖然重要的科學工作已經進入新的設計策略，但有時仍需要進行大量隨機搜索來建構有趣的分子。分子機器學習的夢想是用引導式搜索取代這種隨機實驗，其機器學習的預測程序可以提出哪些新分子可能具有所需的性質。這種準確的預測程序可以創造具有實用特性的全新材料和化學物。

這個夢想非常引人注目，但我們怎樣才能開始這條道路呢？第一步是發展將分子轉換為數字向量的技術，然後將它傳遞給學習演算法。這種方法稱為**分子特徵化**。本章將介紹其中一部分，而下一章有更多的內容。分子是複雜的實體，研究人員為此開發了許多不同的特徵化技術。這些表示包括化學描述向量、2D 圖表示、3D 靜電矩陣表示、軌道基函數表示等。

分子特徵化之後仍然需要學習。我們會檢視分子學習功能的演算法，包括簡單的完全連接網路以及圖形卷積等更複雜的技術。我們還會描述圖形卷積技術的一些局限性以及我們應該和不應該對它們的期望，最後是一個分子機器學習案例研究。

分子是什麼？

深入研究分子機器學習前先看一下分子是什麼。這個問題聽起來有些愚蠢，因為像 H_2O 和 CO_2 這樣的分子連小朋友都知道。答案不明顯嗎？但事實是大多數人根本不知道分子是否存在。考慮一個思想實驗：你如何讓一個持懷疑態度的外星人相信所謂的分子確實存在？答案非常複雜。例如，你可能需要拿出質譜儀！

質譜法

識別樣品中的分子非常具有挑戰性。目前最流行的技術依賴於質譜。質譜的基本思想是用電子轟擊樣品。轟炸將分子粉碎成碎片，這些碎片通常是電離的——也就是說，抓住或失去電子以使其帶電荷。這些帶電碎片由電場驅動，電場根據它們的質荷比將它們分離。檢測到的帶電碎片的擴散稱為光譜。圖 4-1 顯示此過程，通常能夠從檢測到的片段的集合中識別原始樣品中的分子。但是這個過程仍然是有誤差且困難的，許多研究人員正在積極研究利用深度學習演算法改進質譜技術，以從檢測到的帶電光譜中簡化原始分子的識別。

注意執行此檢測的複雜性！分子是複雜的實體，精確解析很困難。

我們從假定一個分子的定義是一組透過物理力連接在一起的原子開始。分子是化學化合物中最小的基本單元，可以參與化學反應。分子中的原子透過**化學鍵**相互連接，化學鍵將它們聚在一起並限制它們相對於彼此的運動。分子有多種大小，從幾個原子到幾千個原子。圖 4-2 顯示該模型中分子的簡單描述。

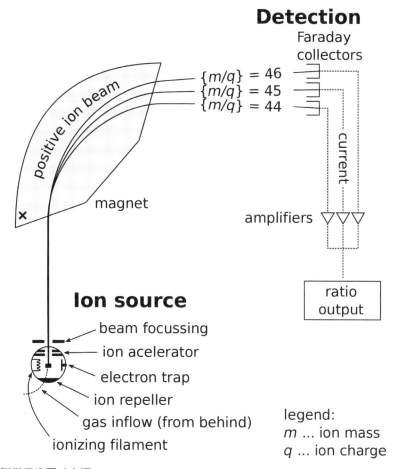

圖 4-1　質譜儀示意圖（來源：*https://commons.wikimedia.org/wiki/File:Mass_Spectrometer_Schematic.svg*）。

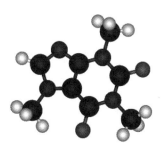

圖 4-2　咖啡因分子的 "球 - 棍" 圖。原子以球表示，透過以棍表示的化學鍵連接。

有了這個基本描述，接下來的幾個部分將詳細介紹分子化學的各個方面。並不一定要認識所有概念，但掌握一些化學領域的基本知識可能會很有用。

分子是動態、量子實體

前面的討論以原子和鍵來看分子。重點是在任何分子中會發生更多的事情。例如，分子是動態實體，因此分子內的所有原子相對於彼此快速運動。這些鍵本身正在前後拉伸，並且可能會快速地振盪。原子迅速脫離並重新加入分子是很常見的，討論分子構象時會看到更多關於分子的動態性質。

更奇怪的是，分子是量子的。有很多人說實體是量子的，但作為一個簡單的描述，重要的是要注意 "原子" 和 "鍵" 的定義遠不如簡單的球棒圖。這裡的定義有很多模糊性。在這個階段掌握這些複雜性並不重要，但要記住我們對分子的描述非常近似。這可能具有實際意義，因為一些學習任務可能需要不同的分子描述。

分子鍵是什麼？

你學習基礎化學可能已經有一段時間了，所以我們將花時間回顧基本的化學概念。最基本的問題是，什麼是分子鍵？

構成日常生活的分子是由原子組成的，通常是非常大量的原子。這些原子透過化學鍵連接在一起。這些鍵基本上透過共享電子將原子 "黏合" 在一起。有許多不同類型的分子鍵，包括共價鍵和幾種類型的非共價鍵。

共價鍵

共價鍵是兩個原子之間共享電子使相同的電子同時在兩個原子周圍（圖 4-3）。共價鍵通常是最強的化學鍵類型，它們在化學反應中形成並破裂。共價鍵往往非常穩定：一旦它們形成，就需要大量的能量來打破它們，因此原子可以長時間保持鍵合。這就是為什麼分子是獨特的物體而不是鬆散的無關原子集合的原因。事實上，共價鍵是分子的定義：分子是共價鍵連接的一組原子。

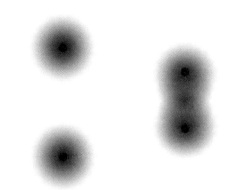

圖 4-3　左：兩個原子核，每個原子核被一團電子包圍。右：原子靠近在一起時，電子有更多時間在原子核之間的空間。這將核吸引在一起，在原子之間形成共價鍵。

非共價鍵

非共價鍵無關原子間電子的直接共享，但它們確實有較弱的電磁相互作用。由於它們不像共價鍵那麼強大，它們更加短暫，不斷地打破與重組。非共價鍵不像共價鍵那樣「定義」分子，但它們對確定分子所具有的形狀以及不同分子彼此相關的方式具有巨大影響。

「非共價鍵」是涵蓋幾種不同類型相互作用的通用術語。非共價鍵的一些例子包括氫鍵（圖 4-4）、鹽橋、重疊等。這些類型的相互作用通常在藥物設計中發揮關鍵作用，因為大多數藥物透過非共價相互作用與人體中的生物分子起作用。

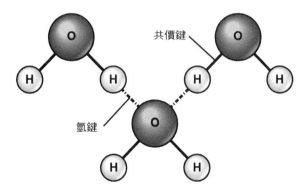

圖 4-4　水分子在相鄰分子上的氫和氧之間具有強氫鍵相互作用。強大的氫鍵網路有助於水作為溶劑的能力（來源：*https://commons.wikimedia.org/wiki/File:SimpleBayesNet.svg*）。

我們將在本書的各個方面遇到這些類型的鍵。這一章主要討論共價鍵，但我們開始研究一些生物物理深層模型時，非共價相互作用將變得更加重要。

分子圖

圖是由邊連接在一起的節點組成的數學資料結構（圖 4-5）。圖是計算機科學中令人難以置信的有用抽象。實際上，有一個稱為圖論的整個數學分支致力於理解圖的屬性，並找到操縱和分析它們的方法。圖用於描述從構成網路的計算機到構成圖像的像素，以及與 Kevin Bacon 一起出現在電影中的演員的所有內容。

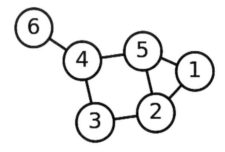

圖 4-5　六個節點以邊連結的數學圖（來源：*https://commons.wikimedia.org/wiki/File:6n-graf.svg*）。

重點是分子也可以視為圖（圖 4-6）。在這個圖示中，原子是圖的節點而化學鍵是邊。可以將任何分子轉化為相應的分子圖。

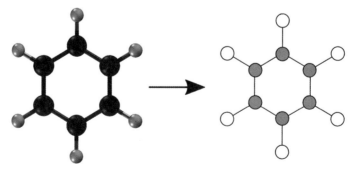

圖 4-6　苯分子轉化為分子圖的實例。注意原子被轉換為節點而化學鍵轉換為邊。

接下來會重複將分子轉換為圖以供分析並學習與預測。

分子構象

分子圖描述了分子中的原子以及它們如何鍵合在一起。但是我們還需要知道另一件非常重要的事情：原子在 3D 空間中如何相對定位。這被稱為分子的**構象**（*conformation*）。

原子、鍵、構象彼此相關。如果兩個原子鍵合，則它們之間的距離傾向固定而嚴重限制了可能的構象。由三組或四組鍵合原子形成的角度也經常受到限制，有時會有完整的原子簇完全剛性，所有原子都作為一個單元一起移動。但是其他分子是柔性的，允許原子相對於彼此移動。例如，許多（但不是全部）共價鍵允許它們連接的原子簇圍繞鍵的軸自由旋轉。這讓分子呈現出許多不同的構象。

圖 4-7 顯示一種常見的分子：蔗糖，也稱為食糖，它顯示為 2D 化學結構和 3D 構象。蔗糖由連接在一起的兩個環組成，每個環都相當堅硬，因此其形狀隨時間變化很小。但是連接它們的鏈更加靈活，允許環相對移動。

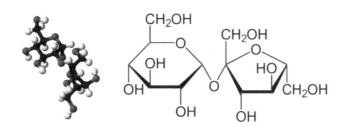

圖 4-7　蔗糖的 3D 構象與 2D 化學結構（改編自 *https://commons.wikimedia.org/wiki/File:Sucrose-3D-balls.png* 與 *https://en.wikipedia.org/wiki/File:Saccharose2.svg*）。

隨著分子變大,它們可以採用的構象數量會大大增加。對於蛋白質等大分子(圖 4-8),計算一組可能的構象需要非常昂貴的模擬。

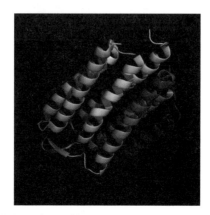

圖 4-8　用 3D 繪製的細菌視紫紅質(用於捕獲光能)的構象。蛋白質構象特別複雜,具有多個 3D 幾何圖案,可看出分子除了化學式外還具有幾何形狀(來源:*https://upload.wikimedia.org/wikipedia/commons/thumb/d/dd/1M0K.png/480px-1M0K.png*)。

分子對掌性

一些分子(包括許多藥物)有兩種形式,彼此是鏡像。這稱為**對掌性**(*chirality*)。對掌性分子具有 "右手" 形式(也稱為 "R" 形式)和 "左手" 形式(也稱為 "S" 形式),如圖 4-9 所示。

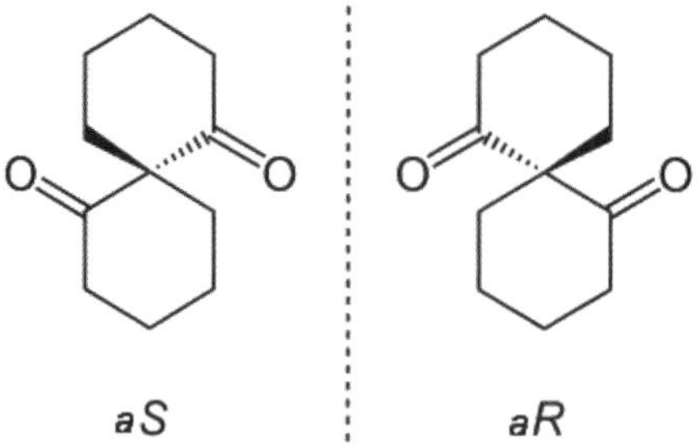

$$aS \qquad\qquad aR$$

圖 4-9　螺環化合物(由兩個或多個連接在一起的環組成的化合物)的軸對掌性。注意兩個對掌性分別表示為 "R" 和 "S"。化學文獻中廣泛使用此慣例。

對掌性非常重要，也是實驗室化學家和計算化學家們非常沮喪的根源。首先，產生對掌性分子的化學反應通常不能區分形式，產生等量的兩種手性（這些產品被稱為**外消旋混合物**）。因此，如果你只想使用一種形式，製造過程會變得很複雜。此外，兩種對掌性的許多物理性質是相同的，因此許多實驗不能區分給定分子的對掌性形式。計算模型也是如此，例如，兩個對掌性都具有相同的分子圖，因此任何僅依賴於分子圖的機器學習模型無法區分它們。

若兩種形式在實務中表現相同，那麼這並不重要，但通常情況並非如此。藥物的兩種對掌性形式可能與完全不同的蛋白質結合，並對體內產生不同的影響。很多例子中只有一種形式的藥物具有所需的治療效果，另一種形式只產生額外的副作用而沒有任何好處。

對掌性化合物的不同作用的一個具體實例是藥物沙利度胺，它在 1950 與 1960 年代用作鎮靜劑。這種藥物隨後在藥局當作治療與懷孕有關的噁心和孕吐。沙利度胺的 R 形式是一種有效的鎮靜劑，而 S 形式會導致畸形與嚴重的先天缺陷。沙利度胺在體內兩種不同形式之間相互轉化或競爭而進一步加劇了這些困難。

分子特徵化

認識這些基本化學描述後如何開始使用特徵分子？為了對分子進行機器學習，我們需要將它們轉換為可用作模型輸入的特徵向量。這一節討論 DeepChem 特徵化子模組 `dc.feat`，並說明如何使用它以各種方式對分子進行特徵化。

SMILES 字串與 RDKit

SMILES 是一種以字串描述分子的常用方法。它是 "Simplified Molecular-Input Line-Entry System" 的縮寫，是某人拼命想出來的尷尬命名。SMILES 字串以對化學家來說既簡單又合理的方式描述分子的原子和鍵。對於非化學家來說，這些字串往往看起來像無意義的隨機字符模式。例如，"OCCc1c(C)[n+](cs1)Cc2cnc(C)nc2N" 描述了重要的營養素硫胺素或維生素 B1。

DeepChem 使用 SMILES 字串表示資料集內分子的格式。有一些深度學習模型直接以 SMILES 字串作為輸入，試圖學習識別文字表示中的特徵。但更常見的是先將字串轉換為問題的不同表示法（或特徵化）。

DeepChem 依賴於另一種開源化學訊息套件 RDKit 來處理分子，RDKit 提供了許多用於處理 SMILES 字串的功能，它在資料集字串轉換為分子圖和下面其他表示法中發揮核心作用。

擴展連接指紋

化學指紋是 1 和 0 的向量，代表分子中特定特徵的存在與否。擴展連接指紋（Extended-Connectivity Fingerprints，ECFP）是一類結合了幾個有用特徵的特徵類別，它們將任意大小的分子轉換成固定長度的向量。這很重要，因為許多模型要求它們的輸入都具有完全相同的大小。ECFP 能讓你使用多種不同大小的分子與相同的模型。ECFP 也很容易比較，你可以簡單的獲取兩個分子的指紋並比較相應的元素。匹配的元素越多，分子越相似。最後，ECFP 的計算很快。

指紋向量的每個元素都表示存在或不存在特定的分子特徵，由一些局部的原子排列定義。該演算法首先獨立的考慮每個原子並檢視原子的一些屬性：它的元素、共價鍵的數量等。這些屬性的每個獨特組合是一個特徵，而向量的相應元素設置為 1 表示它們的存在。然後演算法向外進行，將每個原子與它所鍵合的所有原子組合在一起。這定義了一組新的較大特徵，並設置了向量的相應元素。該技術的最常見變化是 ECFP4 演算法，能讓中心原子周圍的片段半徑達到兩個鍵。

RDKit 函式庫提供用於計算分子的 ECFP4 指紋的實用程序。DeepChem 為這些功能提供了方便的包裝。dc.feat.CircularFingerprint 類別繼承自 Featurizer，並提供一個標準化分子的標準介面：

```
smiles = ['C1CCCCC1', 'O1CCOCC1'] # cyclohexane and dioxane
mols = [Chem.MolFromSmiles(smile) for smile in smiles]
feat = dc.feat.CircularFingerprint(size=1024)
arr = feat.featurize(mols)
# arr 是儲存兩個分子的指紋的
# 2 乘 1024 陣列
```

ECFP 確實有一個重要的缺點：指紋將大量有關分子的資訊編碼，但有些資訊確實丟失了。兩種不同的分子可能具有相同的指紋，而且無法確定某個指紋來自什麼分子。

分子記述子

另一種思路認為用一組理化記述子（descriptor）描述分子是有用的。它通常對應於描述分子結構的各種計算量。這些量（例如對數分配係數或極性表面積等）通常來自經典物理或化學。RDKit 套件計算分子上的許多這樣的物理記述子，DeepChem 特徵化程序 `dc.feat.RDKitDescriptors()` 提供一種執行這種計算的簡單方法：

```
feat = dc.feat.RDKitDescriptors()
arr = feat.featurize(mols)
# arr 是儲存兩個分子的屬性的
# 2 乘 111 陣列
```

這種特徵化顯然對某些問題比其他問題更有用，它傾向於預測依賴於分子的相對一般性質的事物。它不太可能用於預測依賴於原子排列的性質。

圖卷積

前一節描述的特徵化是由人類設計的。一位專家仔細思考如何以可作為機器學習模型的輸入的方式表示分子，然後手動編碼表示。我們可以讓模型自行找出表示分子的最佳方式嗎？

畢竟，這就是機器學習的目的：嘗試從數據中自動學習一個特徵，而不是自己設計一個特徵。

以用於圖像識別的卷積神經網路做類比。網路的輸入是原始圖像，它由每個像素的數字向量組成，例如三原色分量。這是一個非常簡單、完全通用的圖像表示。第一個卷積層學習識別簡單圖案，例如垂直或水平線。它的輸出又是每個像素的數字向量，但現在它以更抽象的方式表示。每個數字代表一些局部幾何特徵的存在。

網路透過一系列的層繼續下去。每一個層都輸出一個新的圖像表示，它比前一個層的表示更抽象，並且與原始顏色分量的關聯性較小。這些表示是從數據中自動學習而不是由人類設計的。沒有人告訴模型要尋找哪些模式以確定圖像是否包含貓，該模型透過訓練自行解決。

圖卷積網路採用相同的思想並將其應用於圖形，就像正規 CNN 以每個像素的數字向量開始一樣，圖形卷積網路以每個節點和 / 或邊緣的數字向量開始。當圖表代表分子時，這些數字可以是每個原子的高級化學性質，例如其元素、電荷和混成態。如同正規卷積層基於其輸入的局部為每個像素計算新向量一樣，圖卷積層為每個節點和 / 或邊緣計算新向量。透過將學習的卷積核應用於圖的每個局部來計算輸出，"本地"現在根據節點之間的邊緣來定義。舉例來說，它可以根據同一原子的輸入向量和它直接鍵結的其他原子計算每個原子的輸出向量。

這是大致的想法,細節方面有提出許多不同的變化。幸運的是,DeepChem 包含許多體系結構的實作,因此即使不了解所有細節也可以嘗試使用它們,例如圖卷積(GraphConvModel)、Weave 模型(WeaveModel)、訊息傳遞神經網路(MPNNModel)、深度張量神經網路(DTNNModel)等。

圖卷積網路是分析分子的有力工具,但它們有一個重要的局限性:計算僅基於分子圖。它們沒有收到有關分子構象的資訊,因此它們無法預測任何與構象相關的資訊。這使得它們最適合於小的、大部分是剛性的分子。下一章討論更適合採取多種構象的大型柔性分子的方法。

訓練模型預測溶解度

讓我們組合以上知識,在真實的化學數據集上訓練模型以預測重要的分子特性。首先載入數據:

```
tasks, datasets, transformers = dc.molnet.load_delaney(featurizer='GraphConv')
train_dataset, valid_dataset, test_dataset = datasets
```

該數據集包含有關溶解度的信息,該度量是衡量分子在水中容易溶解程度的指標。對於希望用作藥物的任何化學物,此屬性至關重要。如果不易溶解,則將足夠的物質注入患者的血液中以獲得治療效果的可能很低。藥物化學家花費大量時間修改分子以試圖增加其溶解度。

注意 featurizer ='GraphConv' 選項。我們將使用圖卷積模型,這告訴 MoleculeNet 將每個分子的 SMILES 字串轉換為模型所需的格式。

接下來建構並訓練模型:

```
model = GraphConvModel(n_tasks=1, mode='regression', dropout=0.2)
model.fit(train_dataset, nb_epoch=100)
```

我們指定每個樣本只有一個任務 —— 也就是說每個樣本一個輸出值(溶解度)。我們還指定這是一個迴歸模型,這表示標籤是連續的數字,模型應該盡可能準確的重現它們。這與分類模型形成對比,分類模型試圖預測每個樣本屬於哪一個類別。為了減少過適,我們指出丟棄為 0.2,這表示每個卷積層的 20% 輸出被隨機設置為 0。

就是這樣！接下來我們可以評估模型，檢視它的表現。我們使用 Pearson 相關係數作為評估指標：

```
metric = dc.metrics.Metric(dc.metrics.pearson_r2_score)
print(model.evaluate(train_dataset, [metric], transformers))
print(model.evaluate(test_dataset, [metric], transformers))
```

它回報訓練集的相關係數為 0.95、測試集的相關係數為 0.83。顯然有點過適但不是太糟，相關係數為 0.83 是非常可觀的。我們的模型基於其分子結構成功預測了分子的溶解度！

有了模型後，我們可以用它來預測新分子的溶解度。假設我們對以下五個以 SMILES 字串表示的分子感興趣：

```
smiles = ['COC(C)(C)CCCC(C)CC=CC(C)=CC(=O)OC(C)C',
          'CCOC(=O)CC',
          'CSc1nc(NC(C)C)nc(NC(C)C)n1',
          'CC(C#C)N(C)C(=O)Nc1ccc(Cl)cc1',
          'Cc1cc2ccccc2cc1C']
```

要將它們用作模型的輸入，我們必須先使用 RDKit 來解析 SMILES 字串，然後使用 DeepChem 特徵化程序將它們轉換為圖卷積所期望的格式：

```
from rdkit import Chem
mols = [Chem.MolFromSmiles(s) for s in smiles]
featurizer = dc.feat.ConvMolFeaturizer()
x = featurizer.featurize(mols)
```

接下來將它們傳給模型並要求預測溶解度：

```
predicted_solubility = model.predict_on_batch(x)
```

MoleculeNet

我們已經看到從 molnet 模組載入的兩個數據集：前一章的 Tox21 毒性數據集以及這一章的 Delaney 溶解度數據集。MoleculeNet 是一組用於分子機器學習的大數據集。如圖 4-10 所示，它包含許多種分子特性的數據。它們包括可用量子力學計算的低水平物理性質以及與人體相互作用的非常高階資訊，如毒性和副作用等。

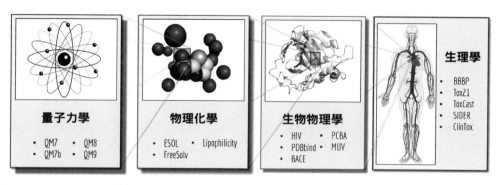

圖 4-10　MoleculeNet 有來自不同分子科學的許多數據集。科學家發現它對預測分子的量子、物理化學、生物物理學、生理學特徵很有用。

開發新的機器學習方法時，可以使用 MoleculeNet 作為標準基準測試集來測試你的方法。你可以到 *http://moleculenet.ai* 查看有關標準模型集合在每個數據集上的執行的資料，以比較你自己的方法與現有技術。

SMARTS 字串

文字處理等許多常用的應用程序需要搜索特定的字串。化學訊息學也遇到類似的情況，我們想要確定分子中的原子是否符合特定模式。有許多可能會出現這種情況的例子：

- 搜索分子資料庫以識別包含特定亞結構的分子
- 在一個共同的子結構上對齊一組分子以改善視覺化
- 突顯圖的子結構
- 在計算過程中約束子結構

SMARTS 是前述 SMILES 語言的擴展，可用於建立查詢。可以認為 SMARTS 模式與用於搜索文字的正規表示式類似。例如，搜索文件系統時可以指定類似 "foo*.bar" 的查詢，該查詢將找出 foo.bar、foo3.bar、foolish.bar。最簡單的形式下，任何 SMILES 字串也可以是 SMARTS 字串。SMILES 字串 "CCC" 也是一個有效的 SMARTS 字串，將找出三個相鄰脂肪族碳原子的序列。讓我們以一個範例展示如何從 SMILES 字串定義分子、顯示這些分子、並突顯與 SMARTS 模式相符的原子。

首先匯入必要的函式庫，並從 SMILES 字串列表中建立分子列表。結果如圖 4-11 所示：

```
from rdkit import Chem
from rdkit.Chem.Draw import MolsToGridImage

smiles_list = ["CCCCC","CCOCC","CCNCC","CCSCC"]
mol_list = [Chem.MolFromSmiles(x) for x in smiles_list]
```

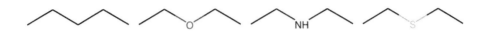

圖 4-11　SMILES 產生的化學結構。

接下來檢視什麼 SMILES 字串符合 SMARTS 模式 "CCC"（圖 4-12）：

```
query = Chem.MolFromSmarts("CCC")
match_list = [mol.GetSubstructMatch(query) for mol in
mol_list]
MolsToGridImage(mols=mol_list, molsPerRow=4,
highlightAtomLists=match_list)
```

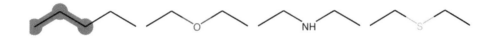

圖 4-12　符合 SMARTS 表達式 "CCC" 的分子。

圖中有幾點需要注意。首先是 SMARTS 表達式僅符合第一個結構，其他結構不包含三個相鄰的碳。還要注意 SMARTS 模式有多種方式可以匹配該圖中的第一個分子──它可以透過從第一個、第二個、或第三個碳原子開始找三個相鄰的碳原子。RDKit 中還有其他函式可以回傳所有可能的 SMARTS，但我們現在不會介紹這些功能。

萬用字元可用於找尋特定的原子集。與文字一樣，"*" 字元可用於找任何原子。SMARTS 模式 "C*C" 將與附著在另一個脂肪族碳上的任何原子上的脂肪族碳匹配（見圖 4-13）。

```
query = Chem.MolFromSmarts("C*C")
match_list = [mol.GetSubstructMatch(query) for mol in
mol_list]
MolsToGridImage(mols=mol_list, molsPerRow=4,
highlightAtomLists=match_list)
```

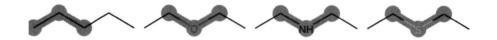

圖 4-13　符合 SMARTS 表達式 "C*C" 的分子。

SMARTS 語法可只找尋特定原子組合。舉例來說，"C[C,O,N]C" 找前後附著碳的碳、氧、氮（見圖 4-14）：

```
query = Chem.MolFromSmarts("C[C,N,O]C")
match_list = [mol.GetSubstructMatch(query) for mol in
mol_list]
MolsToGridImage(mols=mol_list, molsPerRow=4,
highlightAtomLists=match_list)
```

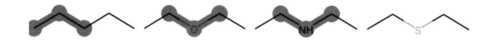

圖 4-14　符合 SMARTS 表達式 "C[C,N,O]C" 的分子。

其他 SMARTS 內容超過簡介範圍，有興趣的讀者可參考 "Daylight Theory Manual" 以深入了解 SMILES 與 SMARTS[1]。如第十一章所述，SMARTS 可用於建構複雜的查詢來識別論文中有問題的分子。

結論

這一章討論分子機器學習的基礎知識。簡短檢視基礎化學後探討了分子在傳統上如何於計算系統表示。你還認識了圖卷積，這是一種在深度學習中對分子進行模型設計的新方法，並且看到如何以機器學習對分子預測重要物理屬性的完整範例。這些技術將成為後續內容的基礎。

1　Daylight Chemical Information Systems, Inc. "Daylight Theory Manual." *http://www.daylight.com/dayhtml/doc/theory/*. 2011.

第五章

生物物理的機器學習

這一章探討如何使用深度學習來理解生物物理系統。特別是預測小藥物分子如何與特定人體蛋白質結合的問題。

這個問題在藥物開發中具有根本意義。有目標的調節單一蛋白質通常可以產生顯著的治療效果，例如突破性癌症藥物伊馬替尼與 BCR-ABL 緊密結合是其功效的部分原因。對於其他疾病，找到具有相同功效的單個蛋白質靶標可能具有挑戰性，但此抽象仍然有用。許多人體機制對找到有效的模型很重要。

多蛋白靶標藥物

如前述，將設計用於疾病的藥物的問題減化成設計與特定蛋白質緊密相互作用的藥物的問題可能非常有用，但認識實際上任何藥物都會與體內許多不同的子系統相互作用很重要。對這種多方面相互作用的研究被統稱為多重藥理學。

目前處理多重藥理學的計算方法仍然相對不發達，因此測試多重藥理學效應的標準仍然是動物和人體實驗。隨著計算技術的成熟，這種狀況可能會在未來幾年內發生變化。

因此我們的目標是設計學習演算法以有效的預測特定分子何時與特定蛋白質相互作用。我們應該怎麼做？對於初學者，我們可以藉由前一章關於分子機器學習的一些技術嘗試建立一個特定蛋白質的模型，這種模型將學習預測新分子是否與特定蛋白質結合。這個想法實際上並不困難，但需要為手邊的系統提供大量數據。理想情況下，有一種演算法可以在沒有大量數據的情況下進行計算。

秘訣是使用蛋白質物理學。如下一節所述,重點在於認識蛋白質分子的物理結構。特別是使用現代實驗技術建立蛋白質 3D 狀態的快照。這些 3D 快照可以輸入學習算法並用於預測結合。也可以拍攝蛋白質與較小分子(通常稱為**配體**)相互作用的快照(一般稱為**結構**)。不用擔心這個討論看起來很抽象,這一章有大量實務程式碼。

這一章先開始深入了解蛋白質及其在生物學中的作用。然後轉向計算機科學並引入一些蛋白質系統最佳化的演算法,這些演算法可以將生物物理系統轉換為用於學習的向量或張量。最後一部分將透過一個關於建構蛋白質 - 配體結合相互作用模型做深入研究。實驗介紹 PDBBind 數據集,其中包含一組實驗確定的蛋白質 - 配體結構。我們會示範如何使用 DeepChem 對此數據集進行特徵化,然後在這些特徵化數據集上建構一些深度和簡單的模型並研究它們的表現。

為何稱為生物物理?

人們常說,所有的生物學都是基於化學,而所有化學都是基於物理學。乍看之下,生物學和物理學似乎相距甚遠。但如這一章所述,物理定律是所有生物機制的核心。此外,蛋白質結構的大部分研究關鍵取決於物理學實驗技術。操縱納米級機器(就像蛋白質)在理論和實踐方面都需要相當大的物理複雜性。

值得注意的是,接下來討論的深度學習演算法,與用於粒子物理學或物理模擬研究系統的深度學習架構具有顯著的相似性。這些主題超出了本書的範圍,但我們鼓勵感興趣的讀者進一步探討它們。

蛋白質結構

蛋白質是在細胞中完成大部分工作的微型機器。雖然體積小,但它們非常複雜。典型的蛋白質由數千個精確排列的原子組成。

要了解任何機器,你必須知道它是由哪些部件組成以及它們是如何組裝在一起。要了解汽車,你必須知道汽車的底部有輪子、有空間容納乘客、以及乘客可以進出的門。蛋白質也是如此,要了解它如何運作,你必須確切的知道它是如何組合。

此外，你需要知道它與其他分子的相互作用。很少有機器孤立運行，汽車與其乘客、行駛的道路、以及移動的能源相互作用。這也適用於大多數蛋白質，它們作用於分子（例如，催化化學反應）、被其他作用（例如，調節它們的活性）、並從其他物質中吸取能量。所有這些相互作用取決於兩個分子中原子的特定位置。要了解它們，你必須知道原子在 3D 空間中的排列方式。

不幸的是，你不能只是靠顯微鏡觀察蛋白質；它們太小了。相反的，科學家不得不發明複雜而巧妙的方法來確定蛋白質的結構。目前有三種這樣的方法：*X 射線晶體學、核磁共振*（簡稱 NMR）、*低溫電子顯微鏡*（簡稱 cryo-EM）。

X 射線晶體學是最古老的方法，並且仍然是最廣泛使用的。用這種方法測定了大約 90％的已知蛋白質結構。晶體學涉及生長目標蛋白質的晶體（許多分子的蛋白質以規則的重複模式緊密堆積在一起）。然後在晶體上照射 X 射線、測量散射光、分析結果以計算出各個分子的結構。儘管取得了成功，但這種方法有很多局限性。即使在最好的情況下，它也是緩慢且昂貴的。許多蛋白質不形成晶體，使晶體學無效。將蛋白質包裝成晶體可能會改變其結構，因此結果可能與在活細胞中的結構不同。許多蛋白質有彈性並可採用一系列結構，但結晶只產生一個不動的快照。即使有這些限制，它也是一個非常強大和重要的工具。

NMR 是次常用的方法。它對溶液中的蛋白質起作用，因此不需要生長晶體，這使其成為不能結晶的蛋白質的重要替代品。與產生單個固定快照的晶體學不同，NMR 產生一組結構以表示蛋白質在溶液中可以採用的形狀範圍。這是一個非常重要的好處，因為它提供了有關蛋白質如何移動的資訊。但 NMR 有其自身的局限性，它需要高度濃縮的溶液，因此它主要限於小、高可溶的蛋白質。

近年來，cryo-EM 已成為確定蛋白質結構的第三種選擇。它涉及快速冷凍蛋白質分子，然後用電子顯微鏡成像。每張圖像的分辨率都太低，無法確定精確的細節；但是組合許多不同的圖像可以產生最終結構，其分辨率遠高於任何單獨的電子顯微鏡圖像。經過數十年對方法和技術的不斷改進，cryo-EM 終於開始接近原子分辨率。與晶體學和核磁共振不同，它適用於不結晶的大蛋白質。這可能會成為未來幾年非常重要的技術。

蛋白質資料庫（PDB，*https://www.rcsb.org/*）是已知蛋白質結構的主要資料庫，目前它有超過 142,000 個如圖 5-1 所示的結構。這可能看起來很多，但遠遠低於我們真正想要的。已知蛋白質的數量要大一個量級，並且一直在發現更多蛋白質。對於你想要研究的任何蛋白質，其結構很可能仍然未知，你真的想要每種蛋白質的多種結構而不僅僅是一種。許多蛋白質可以存在於多個功能不同的狀態（例如，"活動" 和 "非活動" 狀態），因此需要知道每個狀態的結構。如果蛋白質與其他分子結合，需要分離蛋白質與每個分子才可以準確的看到它們如何結合。PDB 是一個很棒的資源，但整個領域仍處於 "低數據" 階段。我們擁有的數據遠遠少於我們想要的數據，而一項重大挑戰是如何充分利用我們所擁有的數據。這種情況可能還要幾十年。

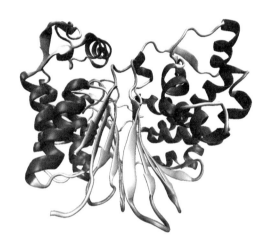

圖 5-1　炭疽桿菌的 CapD 蛋白的晶體結構。確定細菌蛋白質的結構是設計抗生素的有力工具。鑑定治療相關蛋白質的結構通常是現代藥物發現的關鍵步驟之一。

蛋白序列

前面主要討論了蛋白質結構，但我們還沒有談到蛋白質的原子層面。蛋白質是由稱為**氨基酸**的基本組成部分建構的，這些氨基酸是共有共同核心但具有不同 "側鏈" 的分子組（圖 5-2）。這些不同的側鏈改變了蛋白質的行為。

蛋白質是一個氨基酸鏈接下一個氨基酸（圖 5-3）。氨基酸鏈的起始通常稱為 N 端，而鏈的末端稱為 C 端。小鏈氨基酸通常稱為肽，而較長鏈稱為蛋白質。肽太小而不具有複雜的 3D 結構，但蛋白質的結構可能非常複雜。

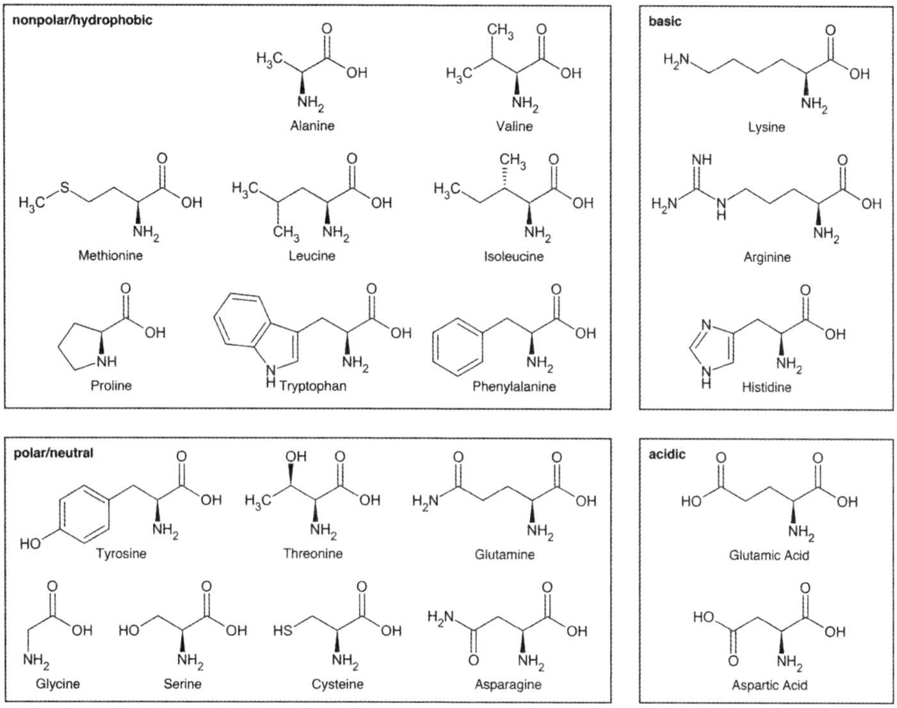

圖 5-2　氨基酸是蛋白質結構的基本組成部分，此圖顯示常見的氨基酸化學結構（來源：*https://commons.wikimedia.org/wiki/File:Overview_proteinogenic_amino_acids-DE.svg*）。

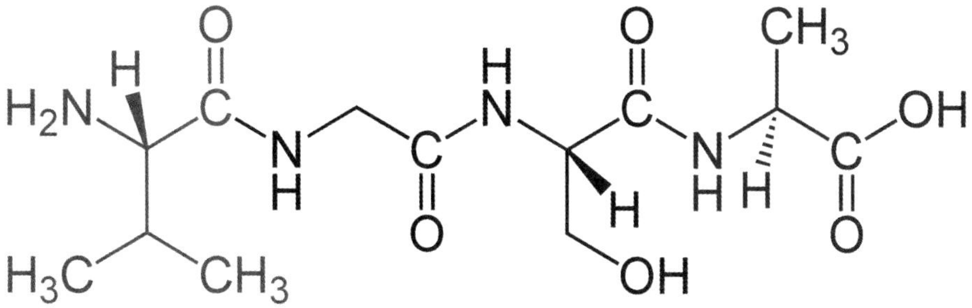

圖 5-3　四個氨基酸組成的鏈，左右各為 N 端與 C 端（來源：*https://en.wikipedia.org/wiki/N-terminus#/media/File:Tetrapeptide_structural_formulae_v.1.png*）。

值得注意的是，雖然大多數蛋白質都採用剛性形狀，但也存在無序蛋白質，有拒絕採取剛性形狀的區域（圖 5-4）。

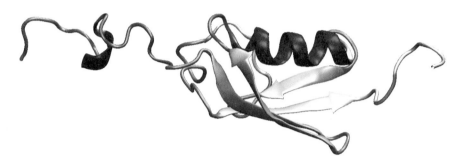

圖 5-4　SUMO-1 蛋白的快照。蛋白質中心核心有結構，而 N 端和 C 端區域是無序的，SUMO-1 等本質上無序的蛋白質在計算上難以處理。

這一章接下來主要討論有剛性 3D 形狀的蛋白質。對於現代計算技術而言，處理沒有設定形狀的軟結構仍然是個挑戰。

是否無法以計算預測 3D 蛋白質結構？

閱讀本節後，你可能想知道為什麼我們不使用演算法直接預測蛋白質分子的結構，而不是依賴於複雜的物理實驗。這是一個好問題，實際上已經有數十年的蛋白質結構計算預測工作。

預測蛋白質結構有兩種主要方法。第一種叫做同源（homology）模型設計，蛋白質序列和結構是數十億年進化的產物。如果兩種蛋白質是近親（技術術語是 "同源"），則它們最近才分離，可能具有相似的結構。要透過同源模型設計預測蛋白質的結構，首先要尋找其結構已知的同源物，然後嘗試根據兩種蛋白質序列之間的差異進行調整。同源模型設計在確定蛋白質的整體形狀方面效果相當不錯，但往往會導致細節錯誤。當然，它要求你已經知道同源蛋白的結構。

另一個主要方法是**物理模型設計**，利用物理定律的知識探索蛋白質可能採取的不同構象並預測哪一種最穩定，此方法需要大量的計算時間。十年前這還不可能，即使在今天，它也只適用於小型快速折疊蛋白質。此外，它需要物理近似來加速計算，這降低了結果的準確性。物理模型設計通常會預測正確的結構，但並非總是如此。

蛋白質結合簡介

前面已經做了很多關於蛋白質結構的討論，但我們還沒有說蛋白質如何與其他分子相互作用（圖 5-5）。實務上，蛋白質通常與小分子結合。有時結合行為是蛋白質功能的核心：特定蛋白質的主要作用可能涉及與特定分子的結合。例如，細胞中的信號傳導通常透過蛋白質與另一分子結合的機制傳遞訊息。其他時候，與蛋白質結合的分子是外來的：可能是我們用來操縱蛋白質的藥物，可能是一種干擾其功能的毒素。

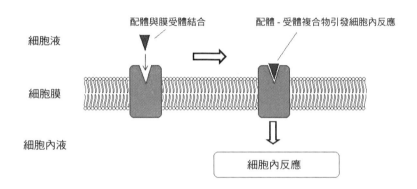

配體與膜受體結合　　　　　配體 - 受體複合物引發細胞內反應

細胞液

細胞膜

細胞內液

細胞內反應

圖 5-5　透過蛋白質嵌入細胞膜進行信號轉導（來源：*https://simple.wikipedia.org/wiki/Signal_transduction#/media/File:The_External_Reactions_and_the_Internal_Reactions.jpg*）。

了解分子與蛋白質結合的方式、位置、時間的細節，對於理解它們的功能和開發藥物至關重要。如果我們能夠在人體中採集細胞的信號機制，就可以在體內誘導出所需的醫學反應。

蛋白質結合涉及許多非常特異的相互作用，這使得它難以用計算做預測。只有幾個原子位置的微小變化可以決定分子是否與蛋白質結合。此外，許多蛋白質是靈活且不斷移動。蛋白質處於某些構象時，蛋白質可能可以結合分子，但是其他構象則不能結合。依次結合可能導致蛋白質構象的進一步變化，從而產生特定功能。

這一章接下來將理解蛋白質結合作為一個計算範例，我們將深入研究當前的深度學習和機器學習方法以對結合事件進行預測。

生物物理特徵化

如前一章所述,將機器學習應用於新域的關鍵步驟之一是,確定如何將訓練數據轉換(或特徵化)為適合學習演算法的格式。前面已經討論了許多促進個體小分子特徵化的技術,我們是否可以將這些技術用於生物物理系統?

遺憾的是,生物物理系統的行為受其 3D 結構的嚴格限制,因此前幾章的 2D 技術錯過了重要的訊息,因此這一章會討論一對新的特徵化技術。第一個特徵化技術是**網格特徵化**,它明確的在 3D 結構中搜索關鍵物理相互作用的存在,例如在判斷蛋白質結構中發揮重要作用的氫鍵和鹽橋(後面會詳述)。這種技術的優點是我們可以依賴大量有關蛋白質物理學的已知事實。當然,缺點是我們受已知物理學的約束,並減少了我們的演算法能夠檢測新物理的機會。

另一種特徵化技術是**原子特徵化**,只需識別系統中所有原子與其 3D 位置的表示。這使得學習演算法的挑戰變得更加困難,因為它必須學會識別關鍵的物理交互作用,但它也使得學習演算法能夠檢測有趣行為的新模式。

PDB 檔案與其陷阱

蛋白質結構通常儲存在 PDB 檔案中。這些檔案是簡單的文字檔,其中包含結構原子的描述以及它們在坐標空間中的相對位置。特徵化演算法通常依賴讀取 PDB 檔案並儲存到記憶體結構的函式庫。還不錯吧?

不幸的是 PDB 檔案經常出錯。原因在於物理學,實驗通常無法完全確定蛋白質結構的一部分。這些區域在 PDB 檔案中未說明,因此經常會發現核心結構中缺少蛋白質原子或整個子結構。

DeepChem 等函式庫通常會嘗試做 "正確" 的事情,並在演算法上填補這些遺失的區域。重點是這種清理只是近似,且仍然沒有辦法完全取代蛋白質結構專家的指導。處理這些錯誤的軟體工具在未來幾年內有可能改善,而對專家指導的需求將會減少。

網格特徵化

透過將生物物理結構轉換為向量，我們可以使用機器學習演算法對它們進行預測。按理說，有一個用於處理蛋白質 - 配體系統的特徵化演算法是有用的。然而，設計這樣的演算法不重要。理想下，特徵化技術需要具備此類系統的化學性質的重要知識以擷取有用的特徵。

舉例來說，這些特徵可包括蛋白質和配體之間的非共價鍵的計數，例如氫鍵或其他相互作用（大多數蛋白質 - 配體系統在蛋白質和配體之間沒有共價鍵）。

幸好 DeepChem 有這樣的特徵。它的 RdkitGridFeaturizer 能將一組相關的化學資訊匯總到一個簡短的向量中以用於學習演算法。雖然沒有必要深入理解使用特徵化程序的深層科學，但對基礎物理學有基本的了解仍然是有用的。因此，在深入研究網格特徵化計算之前，我們會先檢視大分子複合物的相關生物物理學。

在閱讀本節時，參考前一章對基本化學相互作用的討論可能是有用的。像共價和非共價鍵這樣的想法會出現很多次。

網格特徵搜尋指定結構中此類化學相互作用，並建構包含這些相互作用計數的特徵向量，我們將在後面的章節中詳細說明如何在演算法上完成此操作。

氫鍵

氫原子與氧或氮等帶更多負電的原子共價鍵合時，共享電子的大部分時間都更接近於帶更多負電的原子，這使氫具有淨正電荷。接下來如果正電荷氫接近具有淨負電荷的另一個原子，則它們會相互吸引。這就是氫鍵（圖 5-6）。

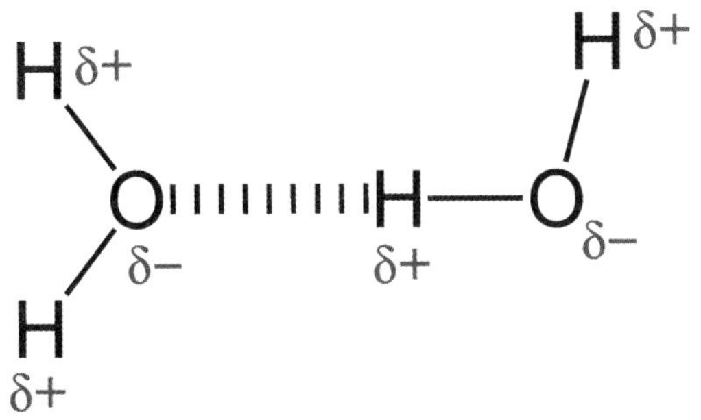

圖 5-6 氫鍵的圖例。氧的負電荷與氫的正電荷作用產生鍵（來源：*https://commons.wikimedia.org/wiki/File:Hydrogen-bonding-in-water-2D.png*）。

由於氫原子很小，它們可以非常接近其他原子，從而產生強烈的靜電吸引力，這使得氫鍵成為最強的非共價相互作用之一。它們是一種重要的相互作用形式，通常可以穩定分子系統。例如水的獨特性質在很大程度上歸因於在水分子之間形成的氫鍵網路。

`RdkitGridFeaturizer` 試圖檢查正確類型的蛋白質／配體原子對的彼此接近來計算結構中存在的氫鍵，這需要任意指定的排除距離。實際上，鍵合的原子和未鍵合的原子之間沒有明顯的距離差異。這可能會導致一些相互作用誤判，但從經驗上看，簡單的排除通常可以合理的發揮作用。

鹽橋

鹽橋是兩個氨基酸之間的非共價吸引力，其中一個具有正電荷而另一個具有負電荷（見圖 5-7）。它結合了離子鍵結合與氫鍵結合。雖然這些鍵相對較弱，但它們可以透過蛋白質序列中某些氨基酸之間的相互作用來幫助穩定蛋白質的結構。

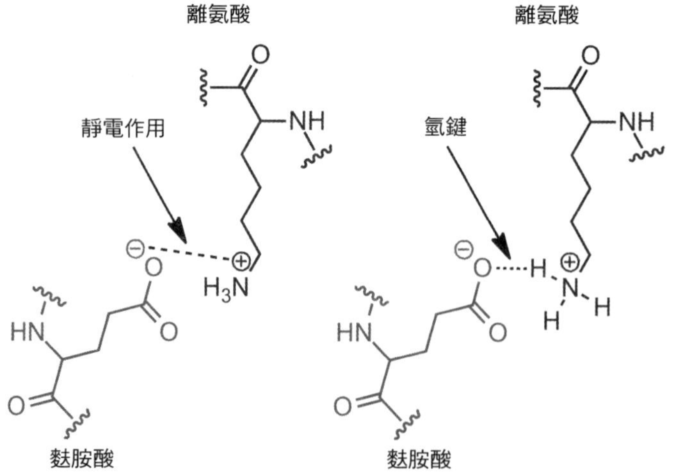

圖 5-7　麩胺酸和離氨酸的鹽橋。鹽橋是離子型靜電相互作用和氫鍵的組合，用於穩定結構（來源：*https://commons.wikimedia.org/wiki/File:Revisited_Glutamic_Acid_Lysine_salt_bridge.png*）。

網格特徵試圖檢查已知形成這種相互作用的氨基酸對（例如麩胺酸和離氨酸）與蛋白質的 3D 結構來檢測鹽橋。

Pi 重疊作用

Pi 重疊作用是芳環之間非共價作用的一種形式（圖 5-8）。這些扁平的環狀結構出現在 DNA 與 RNA 等許多生物分子中。它們也出現在苯丙氨酸、酪氨酸、色氨酸等氨基酸的側鏈。

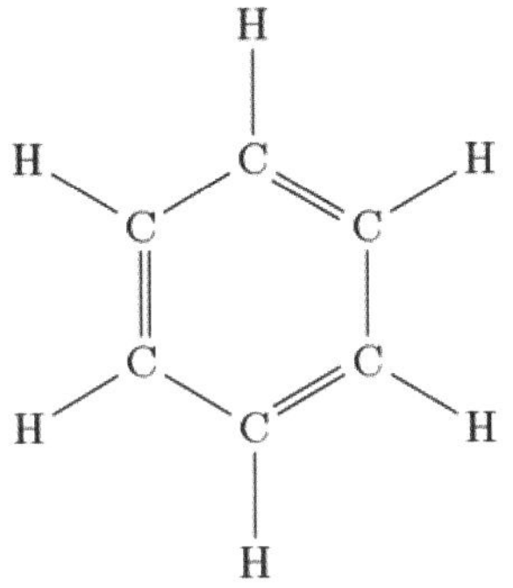

圖 5-8　苯分子中的芳環。這種環結構以其出色的穩定性而著稱，此外，芳環的所有原子都位於一個平面內。相反的，異質環不會使它們的原子佔據同一平面。

粗略地說，兩個芳環互相"堆疊"時會發生 Pi 重疊作用。圖 5-9 顯示兩個苯環相互作用的一些方式，鹽橋等重疊作用可以穩定各種大分子結構。重點是在配體 - 蛋白質相互作用中可以發現 Pi 重疊作用，因為芳環通常存在於小分子中。網格特徵化檢測芳環的存在、質心之間的距離、兩個平面之間的角度來計算這些相互作用。

三明治　　　　　邊對面　　　　　錯位

圖 5-9　各種非共價芳環作用。在錯位相互作用中，兩個芳環的中心略微彼此偏移。在邊對面的相互作用中，一個芳香環的邊堆疊在另一個的面上。三明治配置有兩個直接堆疊的環，但由於具有相同電荷的區域相互作用，因此能量較錯位或邊對面相互作用少。

此時你可能想知道為什麼這種類型的交互稱為 pi 重疊。該名稱是指 Pi 鍵，一種共價化學鍵，其中兩個共價鍵合的原子的電子軌道重疊。芳環中的所有原子都參與聯合的 Pi 鍵。這種聯合黏合劑解釋了芳環的穩定性，也解釋了許多獨特的化學性質。

非化學專業的讀者不用擔心現在還看不懂。DeepChem 抽離許多實作細節，因此開發時不必擔心定期進行 pi 重疊。然而，知道這些相互作用存在並在基礎化學中發揮主要作用是有用的。

複雜的幾何與快照

這一節在靜態幾何配置方面介紹了許多相互作用。認識到鍵是動態實體非常重要，而在實際物理系統中，鍵會以令人眼花繚亂的速度延伸、折疊、打破、重組。要記住這一點並注意有人說存在鹽橋時真正的含義是在統計意義上鹽橋可能更多的出現在特定位置。

指紋

你可能會記得上一章使用的圓形指紋。這些指紋計算分子中特定類型的片段數，然後使用雜湊函數將這些片段計數擬合到固定長度的向量中。這種片段計數也可用於 3D 分子複合物。雖然僅僅計算碎片數量通常不足以計算系統的幾何形狀，但是現有碎片的知識仍然可用於機器學習系統，這可能是由於某些片段的存在可以強烈指示某些分子事件的事實。

一些實作細節

為了尋找氫鍵等化學特徵，`dc.feat.RdkitGridFeaturizer` 需要能夠有效的處理分子的幾何形狀。DeepChem 使用 RDKit 函式庫將每個分子、蛋白質、配體載入到一個共同的記憶體物件中，然後將這些分子轉化為包含空間中所有原子的位置的 NumPy 陣列。舉例來說，具有 N 原子的分子可以表示為 NumPy 陣列 (N, 3)，列代表原子在 3D 空間中的位置。

然後進行氫鍵的（粗略）檢測，僅需要查看可以形成彼此足夠接近的氫鍵（例如氧和氫）的所有原子對。相同的計算策略用於檢測其他類型的鍵。為了處理芳香結構，有一些特殊的程式碼可以檢測結構中芳環的存在並計算它們的質心。

原子特徵化

前面討論過如何以 `RdkitGridFeaturizer` 計算氫鍵等特徵。大多數運算將具有 N 原子的分子轉換為 NumPy 陣列 (N, 3)，然後從這些陣列開始執行各種額外計算。

你可以很容易的想像特定分子的特徵化可能只需要計算這個 (N, 3) 陣列，並傳遞給合適的機器學習演算法。然後模型可以自己學習哪些特徵是重要的，而不是依靠人類來選擇它們並手動編碼。

實際上，這可以透過幾個額外的步驟來實現。(N, 3) 位置陣列不區分原子類型，因此你還需要提供另一個列出每個原子的原子序數的陣列。其次，計算 (N, 3) 的兩個位置陣列之間的成對距離在計算上可能非常昂貴。在前置處理步驟中建立 "鄰居清單" 很有用，以清單維護靠近任何給定原子的相鄰原子列表。

DeepChem 有個 `dc.feat.ComplexNeighborListFragmentAtomicCoordinates` 函式可處理大部分內容。我們不會在這一章深入討論它，但能知道還有其他選項。

PDBBind 案例研究

讓我們開始修改一些用於處理生物物理數據集的程式碼範例。首先介紹 PDBBind 數據集和綁定自由能預測的問題，然後是如何將 PDBBind 數據集最佳化的程式碼範例，並展示如何建構機器學習模型，最後是如何評估結果。

PDBBind 資料集

PDBBind 數據集包含大量生物分子晶體結構及其結合親和力。這一句有一些術語，讓我們暫停並解釋。生物分子是任何具有生物學意義的分子，這不僅包括蛋白質，還包括核酸（如 DNA 和 RNA）、脂質、較小的類藥物分子。生物分子系統的豐富性源於各種生物分子彼此之間的相互作用（如前述），結合親和力是實驗測量的兩個分子互動形成複合物的親和力。如果在能量上有利於形成這種複合物，則分子將在該配置而非其他配置中保持更多時間。

PDBBind 數據集收集了許多生物分子複合物的結構。其中絕大多數是蛋白質 - 配體複合物，但數據集還包含蛋白質 - 蛋白質、蛋白質 - 核酸、核酸 - 配體複合物。根據我們的目的，我們將關注蛋白質 - 配體子集。完整的數據集包含近 15,000 個這樣的複合體，"精選" 和 "核心" 集包含更小但更清晰的複合子集，每個複合物都附上複合物的結合親和力的實驗數據。PDBBind 數據集的學習挑戰是在特定蛋白質 - 配體結構的情況下預測複合物的結合親和力。

PDBBind 的數據來自蛋白質數據庫。注意，PDB（以及 PDBBind）中的數據是高度異構的！不同的研究小組有不同的實驗設置，不同組的不同測量之間可能存在很高的實驗差異。出於這個原因，我們主要使用 PDBBind 數據集的精選集來進行我們的實驗工作。

動態很重要！

我們在此案例研究中將蛋白質和配體視為凍結快照。要注意這是非常不實際的！蛋白質和配體實際上處於快速運動狀態，配體將進出蛋白質的結合口袋。此外，蛋白質甚至可能沒有一個固定的結合位置，某些蛋白質有許多潛在配體相互作用位置。

這些因素意味著我們的模型將具有相對有限的準確性。如果我們有更多數據，強大的學習模型可能會學會考慮這些因素，但是如果數據集有限，那麼這樣做很有挑戰性。

你應該注意這些資訊。設計更好的生物物理深度學習模型以準確的解釋這些系統的熱力學行為仍然是一個主要課題。

如果沒有結構呢？

藥物開發老手可能要注意這個部分。事實上,確定複合物的結構通常比測量結合親和力要困難得多,這在直覺上是有道理的。結合親和力是給定生物分子複合物的單一數字,而結構是複雜的 3D 快照。預測結構的結合親和力可能會讓人覺得有點本末倒置!

這個(合理的)指控有幾個答案。首先,確定生物分子系統的結合親和力的問題本身就是一個物理上有趣的問題。檢查我們是否可以準確的預測這種結合親和力是一個值得測試的問題,以便對我們的機器學習方法進行基準測試,並作為設計能夠理解複雜生物物理系統的深層架構的基礎。

第二個答案是,我們可以使用現有的 "對接" 等計算工具軟體來預測蛋白質 - 配體複合物的近似結構,因為我們有獨立的蛋白質結構。雖然直接預測蛋白質結構是一項艱鉅的挑戰,但是已經有了蛋白質結構時,預測蛋白質 - 配體複合物的結構會更容易一些。因此,將它與對接引擎配對,你能夠透過我們在本案例研究中建立的系統進行有用的預測。實際上,DeepChem 支持這個應用,但我們不會深入研究這個進階功能。

進行機器學習時,查看數據集中的各個數據點或檔案會特別有用。本書的函式庫(*https://github.com/deepchem/DeepLearningLifeSciences*)有一個名為 2D3U 的蛋白質 - 配體複合物 PDB 檔案,它包含有關蛋白質的氨基酸(也稱為殘基)的資訊。此外,PDB 檔案包含 3D 空間中每個原子的座標。這些座標的單位是埃(1 埃是 10^{-10} 公尺),這個座標系的原點是任意設置以幫助蛋白質視覺化,且通常設置在蛋白質的質心。建議讀者花一點時間在文字編輯器中打開此檔案查看。

為什麼氨基酸被稱為殘留物?

處理生物物理數據一段時間後,你通常會遇到一種被稱為殘基(*residue*)的氨基酸術語。這是指蛋白質形成的化學過程,兩個氨基酸在生長鏈中連接在一起時會除去氧和兩個氫。"殘基" 是該反應發生後殘留的氨基酸。

理解 PDB 檔案的內容可能非常困難，所以讓我們想像一下蛋白質。我們使用 NGLview（*https://github.com/arose/nglview*）視覺化套件，它能與 Jupyter notebook 整合。與本章相關的 notebook 能夠操縱與交互操作視覺化蛋白質，圖 5-10 顯示 Jupyter notebook 產生的蛋白質 - 配體複合物（2D3U）的圖形。

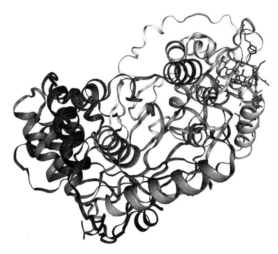

圖 5-10　從 PDBBind 數據集產生的 2D3U 蛋白質 - 配體複合物圖形。注意，蛋白質以卡通圖案形式表示，而配體（靠近右上角）以球與棒形式表示完整細節。

注意配體如何置於蛋白質的 "口袋" 中，你可以旋轉圖案而從不同方向檢視以更清楚的看到這一點。

蛋白質視覺化工具

鑑於蛋白質視覺化的重要性，有許多蛋白質視覺化工具可用。雖然 NGLview 能與 Jupyter 整合，但更常見的是看到其他工具，例如專業藥物開發者使用的 VMD（*https://www.ks.uiuc.edu/Research/vmd/*）、PyMOL（*https://pymol.org*）、Chimera（*https://www.cgl.ucsf.edu/chimera/*）。但這些工具通常不是完全開源的，並且可能沒有開發人員用的 API。但若你計劃花費大量時間處理蛋白質結構，可以考慮使用這些更成熟的工具。

PDBBind 資料集特徵化

讓我們從 RdkitGridFeaturizer 物件開始：

```
import deepchem as dc
grid_featurizer = dc.feat.RdkitGridFeaturizer(
                    voxel_width=2.0,
                    feature_types=['hbond', 'salt_bridge', 'pi_stack',
                                    'cation_pi', 'ecfp', 'splif'],
                    sanitize=True, flatten=True)
```

此處有很多選項，所以讓我們研究它們的意義。sanitize=True 旗標要求特徵化程序嘗試清理它給出的任何結構。前面討論過結構往往是畸形的，清理步驟將嘗試修復它檢測到的任何明顯錯誤。設定 flatten=True 要求特徵化程序為每個輸入結構輸出一維特徵向量。

feature_types 旗標設定 RdkitGridFeaturizer 在輸入結構中檢測的生物物理和化學特徵的類型。注意前面討論過的許多化學鍵：氫鍵、鹽橋等。最後，voxel_width=2.0 將構成網格的體素的大小設置為 2 埃。RdkitGridFeaturizer 將蛋白質轉換為體素化表示以擷取有用的特徵。對於每個空間體素，它計算生物物理特徵與區域指紋向量。RdkitGridFeaturizer 計算 ECFP 和 SPLIF 兩種不同類型的指紋。

體素化

什麼是體素化？體素（voxel）大致上是像素的 3D 模擬（見圖 5-11）。正如圖像的像素化表示對於處理成像數據可能非常有用，處理 3D 數據時，體素化表示可能是至關重要的。

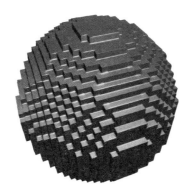

圖 5-11　球形的體素化表示。注意每個體素代表一個輸入空間立方體。

接下來準備輸入 PDBBind 數據集。實際上並不需要使用我們剛剛定義的特徵化程序：MoleculeNet 會處理。如果載入數據集時設定 featurizer="grid" 旗標，則會自動執行網格特徵化：

```
tasks, datasets, transformers = dc.molnet.load_pdbbind(
        featurizer="grid", split="random", subset="core")
train_dataset, valid_dataset, test_dataset = datasets
```

這一段程式碼載入 PDBBind 並將核心子集特徵化。在高速電腦上應該要跑十分鐘，在新型伺服器上精選子集的特徵化需要幾個小時。

取得資料後開始建構一些機器學習模組。我們先訓練稱為隨機森林的經典模型：

```
from sklearn.ensemble import RandomForestRegressor
sklearn_model = RandomForestRegressor(n_estimators=100)
model = dc.models.SklearnModel(sklearn_model)
model.fit(train_dataset)
```

我們還將嘗試構建用於預測蛋白質 - 配體結合的神經網路。我們可以使用 dc.models.MultitaskRegressor 類別來建構一個帶有兩個隱藏層的 MLP。將隱藏層的寬分別設置為 2,000 和 1,000，並使用 50％的丟棄來減少過適：

```
n_features = train_dataset.X.shape[1]
model = dc.models.MultitaskRegressor(
        n_tasks=len(pdbbind_tasks),
        n_features=n_features,
        layer_sizes=[2000, 1000],
        dropouts=0.5,
        learning_rate=0.0003)
model.fit(train_dataset, nb_epoch=250)
```

基線模型

深度學習模型有時難以正確最佳化，即使是經驗豐富的老手也很容易在調整深度模型時出錯。因此建構一個更穩健的基線模型至關重要，即使它可能具有較差的表現。

隨機森林是非常有用的基線選擇，它們通常在相對較少的調校下提供表現良好的學習任務。隨機森林分類程序建構多個"決策樹"分類程序，各分類程序僅使用隨機選取的特徵子集，然後透過多數投票組合這些分類程序的決策。

Scikit-learn 是建構簡單機器學習基線套件。這一章使用 scikit-learn 建構基線模型，以 RdkitGridFeaturizer 將複合體作為隨機森林的輸入進行特徵化。

模型訓練後要檢查準確性，為此要先定義合適的指標。讓我們使用 Pearson R^2 分數，這是介於 –1 與 1 的數字，0 表示真實與預測標籤無關，1 表示完美正相關：

```
metric = dc.metrics.Metric(dc.metrics.pearson_r2_score)
```

接下來根據此指標對訓練與測試資料集評估模型的準確性。兩個模型的程式碼相同：

```
print("Evaluating model")
train_scores = model.evaluate(train_dataset, [metric], transformers)
test_scores = model.evaluate(test_dataset, [metric], transformers)

print("Train scores")
print(train_scores)

print("Test scores")
print(test_scores)
```

許多架構有相同的效果

這一節的範例程式碼使用具有網格特徵的 MLP 來模擬 DeepChem 中蛋白質 - 配體結構。值得注意的是有許多具有類似效果的替代深架構,有些研究已經以基於體素的特徵使用 3D 卷積網絡來預測蛋白質 - 配體結合相互作用。其他研究工作使用了我們在前一章中看到的圖卷積的變體來處理大分子複合物。

這些架構之間有什麼區別?到目前為止,看起來大多數架構都有類似的預測能力。我們使用網格特徵化,因為 DeepChem 中有一個最佳化實作,但其他模型也可以滿足你的需求。DeepChem 的未來版本可能包含用於此目的的其他架構。

對於隨機森林,此訓練集得分為 0.979,但測試集得分僅為 0.133。它在複製訓練數據方面表現出色,但在預測測試數據方面做得很差。顯然它過適了。

相比之下,神經網路的訓練集得分為 0.990,測試集得分為 0.359。它在訓練集上稍微好一點,在測試集上更好。仍有過適,但數量減少,模型預測新數據的總體能力要高得多。

了解相關係數是理解我們建立的模型的第一步,但預測與實際實驗數據的關係視覺化始終是有用的。圖 5-12 顯示在測試集上運行時每個模型的真實與預測標籤,明顯看到神經網路的預測與真實數據的關係比隨機森林更接近。

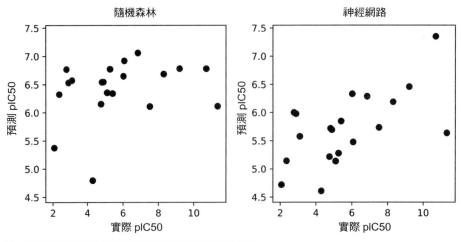

圖 5-12 兩種模型對測試集執行的預測與實際標籤比較。

結論

這一章討論如何將深度學習應用於生物物理系統，特別是預測蛋白質 - 配體系統的結合親和力的問題。你可能很好奇學到的技能有多通用，你可以應用這些相同的模型和技術來了解其他生物物理數據集嗎？讓我們快速檢視一下。

蛋白質 - 蛋白質和蛋白質 - DNA 系統遵循與蛋白質 - 配體系統相同的基本物理學。相同的氫鍵、鹽橋、pi 重疊相互作用等發揮關鍵作用。我們可以用這一章的程式碼來分析這些系統嗎？答案有點複雜。蛋白質 - 配體相互作用的許多物理作用是由電動力學驅動。另一方面，蛋白質 - 蛋白質動力學更可以透過大量疏水相互作用驅動。我們不會深入研究這些相互作用的含意，但它們在某種程度上與蛋白質 - 配體相互作用具有不同的性質。這可能意味著 `RdkitGridFeaturizer` 不能很好的做它們的特徵化。另一方面，原子卷積模型可能在處理這些系統方面做得更好，因為較少交互物理被寫死到這些深模型中。

也就是說仍存在一個重要的規模問題。原子卷積模型訓練速度很慢，需要大量記憶體。放大這些模型以處理更大的蛋白質 - 蛋白質系統需要在工程端進行額外的工作。DeepChem 開發團隊正在努力應對這些挑戰和其他挑戰，但在這些努力取得成果之前可能需要更多時間。

抗體 - 抗原相互作用是生物物理相互作用的另一種重要形式。抗體是 Y 形蛋白質（見圖 5-13），具有用於結合抗原的可變 "抗原結合點"。抗原是與特定病原體相關的分子，可以利用培養生長的細胞產生靶向特異性抗原的抗體。如果培養物中的所有細胞都是特定細胞的複製，則產生的抗體是相同的。最近發現這種 "單株抗體" 具有廣泛的治療用途。

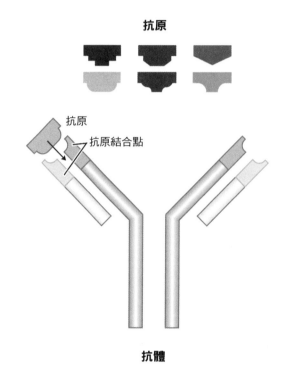

圖 5-13　抗體 - 抗原相互作用（來源：*https://en.wikipedia.org/wiki/Antibody#/media/File:Antibody.svg*）。

迄今為止，抗體的設計主要是實驗科學，部分原因是由於獲得 3D 抗體結構的挑戰。然而，對複雜的抗原 - 抗體結合位點進行模型設計也證明是一項挑戰。我們在本章中介紹的一些技術可能會在未來幾年內，在抗體抗原結合模型中得到廣泛應用。

我們也提到了動力學在理解蛋白質物理學中的重要性。我們能直接深入學習蛋白質模擬以了解哪些配體可以與蛋白質結合？原則上可以的，但仍存在艱鉅的挑戰。一些公司正在積極應對這一挑戰，但尚未有良好的開源工具。

第十一章會回到生物物理技術並展示模型在藥物開發上的應用。

## 第六章

基因組學的深度學習

每個生物的核心是它的基因組：DNA 分子包含製造生物運作部分的所有指令。如果細胞是計算機，那麼它的基因組序列就是它執行的軟體。如果 DNA 可以被視為軟體，資訊意味著由計算機處理，我們可以使用我們自己的計算機來分析這些資訊並了解它的功能嗎？

但 DNA 不僅僅是一種抽象的存儲介質。它是一種物理分子，行為複雜。它還與數千種其他分子相互作用，所有這些分子在維持、複製、指導、執行 DNA 中包含的指令中發揮重要作用。基因組是一個龐大而複雜的機器，由數千個零件組成。我們對大多數這些部件的工作方式仍然缺乏了解，更不用說認識它們整體如何運作。

這帶出**遺傳學**和**基因組學**的雙重領域。遺傳學將 DNA 視為抽象資訊，它著眼於遺傳模式，或尋求跨群體的相關性，以發現 DNA 序列和物理特徵之間的關聯。另一方面，基因組學將基因組視為物理機器，它試圖理解構成該機器的部分以及它們一起工作的方式。這兩種方法是互補的，深度學習可以成為兩者的有力工具。

DNA、RNA、蛋白質

即使不是生物學家，在你受教育的某些階段可能已經研究過基因組如何運作的基礎知識。我們將先回顧通常在入門課程中講授的基因組學圖形，然後描述現實世界更複雜的一些方式。

DNA 是一種聚合物：長鏈重複單元串在一起。DNA 有四個單位（稱為**鹼基**）：腺嘌呤、胞嘧啶、鳥嘌呤、胸腺嘧啶，縮寫為 A、C、G、T（圖 6-1）。幾乎所有關於如何製造生物的訊息都以構成基因組的這四個單元編碼。

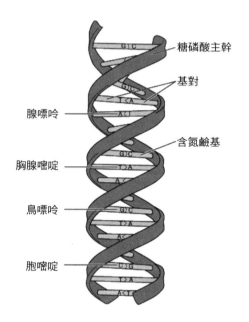

圖 6-1　DNA 分子結構由兩個鏈組成，鏈由 A、C、G、T 鹼基組成。這兩條鍊是互補的：一條鏈中的每個 C 與另一條鏈中的 G 配對，一條鏈中的每個 A 與另一條鏈中的 T 配對（來源：*https://en.wikipedia.org/wiki/Molecular_Structure_of_Nucleic_Acids:_A_Structure_for_Deoxyribose_Nucleic_Acid#/media/File:DNA-structure-and-bases.png*）。

如果 DNA 是軟體，則蛋白質是最重要的硬體。蛋白質是一種微型機器，可以完成細胞中的幾乎所有工作。蛋白質也是聚合物，由稱為**氨基酸**的重複單元組成。有 20 種主要氨基酸，它們的物理性質差異很大。有些很大而有些很小，有些有電荷有些沒有，有些傾向於吸引水有些則傾向於排斥水。氨基酸適當組合時會自動折疊成一個 3D 形狀，所有的部分都恰到好處，讓它可以作為一台機器。

DNA 的主要功能之一是記錄生物體蛋白質的氨基酸序列。它以簡單、直接的方式實現。特定的 DNA 片直接對應於特定的蛋白質，三個 DNA 鹼基的每個序列（稱為**密碼子**）對應於一個氨基酸。舉例來說，模式 AAA 表示氨基酸賴氨酸，而模式 GCC 表示氨基酸丙氨酸。

從 DNA 到蛋白質涉及另一種分子 RNA，它作為中間表示，將訊息從細胞的一部分傳遞到另一部分。RNA 是另一種聚合物，在化學上與 DNA 非常相似。它也有四個基，可以按任意順序鏈接。要建立蛋白質，必須將訊息複製兩次。首先將 DNA 序列**轉錄**成等同的 RNA 序列，然後將 RNA 分子**翻譯**成蛋白質分子。攜帶訊息的 RNA 分子稱為*信使 RNA*，或簡稱為 mRNA。

這告訴我們蛋白質是**如何**製作而不是**何時**製作。人體細胞可以產生數千種不同的蛋白質，它會不停製作出所有這些複製品嗎？顯然，必須有某種調節機制來控制何時產生哪種蛋白質。在傳統圖像中，這是透過稱為**轉錄因子**（*TF*）的特殊蛋白質完成的。每個 TF 識別並結合特定的 DNA 序列，根據特定的 TF 和它結合的位置，它可以增加或減少附近基因轉錄的速率。

這給出了一個簡單、易於理解的基因組如何工作的圖像。DNA 的工作是編碼蛋白質，DNA 的延伸（稱為**基因**）使用簡單明確的代碼將蛋白質編碼。DNA 轉化為僅作為資訊載體 RNA，然後 RNA 轉化為蛋白質，從而完成所有實際工作。整個過程非常優雅，像是一位才華橫溢的工程師設計的東西。多年來，人們認為這個圖像大致正確。因此，在我們破壞這個美好畫面前先花一點時間來欣賞它，因為實際情況更加混亂和複雜。

實際情況

是時候討論基因組如何**真正發揮作用**了。前面描述的圖像簡單而優雅，但不幸的是它與現實幾乎沒有關聯。這一節會非常快速地介紹大量資訊，但不需擔心要記住或理解所有資訊，重要的是要了解生物體的難以置信的複雜性。我們將在本章後面回到其中的一些主題並更詳細的討論它們。

讓我們從 DNA 分子（稱為**染色體**）開始。在具有相對較小基因組的細菌中，DNA 作為簡單的自由浮動分子存在。但真核生物（包括變形蟲、人類、其間的一切）具有更大的基因組。為了塞進細胞內部，每個染色體必須包裹在一個非常小的空間內。這是透過將其纏繞在稱為**組蛋白**的蛋白質上來實現的。但是，如果所有的 DNA 被緊緊包裹起來，它怎麼能被轉錄？答案當然是不能。在轉錄基因之前，首先必須解開包含它的 DNA 片段。細胞如何知道解開哪種 DNA？答案仍然很難理解。據信它涉及對組蛋白分子的各種類型的化學修飾，以及識別特定修飾的蛋白質。顯然有個監管機制，但許多細節仍然未知。我們很快就會回到這個主題。

DNA 本身可以透過稱為**甲基化**的過程進行化學修飾。DNA 甲基化程度越高，轉錄的可能性就越小，因此這是細胞可以用來控制蛋白質產生的另一種調節機制。但它如何控制哪些 DNA 區域被甲基化？這也是很難理解的。

我們之前說過一段特定的 DNA 對應於一種特定的蛋白質。這對細菌來說是正確的，但在真核生物中情況更複雜。在將 DNA 轉錄成信使 RNA 後，通常編輯該 RNA 以去除切片並將剩餘部分（稱為**外顯子**）再次連接（或**拼接**）在一起。因此，最終被翻譯成蛋白質的 RNA 序列可能與原始 DNA 序列不同。此外，許多基因具有多種**裁切變體**——以不同方式去除片段以形成最終序列。這意味著一段 DNA 實際上可以編碼幾種不同的蛋白質！

這聽起來很複雜嗎？這還不算開始！演化選擇有效的機制而不在乎它們是否簡單或易於理解。它導致非常複雜的系統，理解它們需要面對這種複雜性。

在傳統的圖像中，RNA 被視為訊息載體，但即使從基因組學的早期開始，生物學家也知道這並不完全正確。將 mRNA 翻譯成蛋白質的工作是由複雜的分子機器**核醣體**執行，它由蛋白質和部分 RNA 組成。轉錄另一個關鍵作用是透過稱為**轉運** *RNA*（或簡稱 tRNA）的分子進行的，這些是定義 "遺傳密碼" 的分子，識別 mRNA 中三個鹼基的模式，並為正在生長的蛋白質添加正確的氨基酸。因此，半個多世紀以來，我們已經知道至少有三種 RNA：mRNA、核醣體 RNA、tRNA。

但是 RNA 仍然有許多秘技。它是一種令人驚訝的多功能分子，在過去的幾十年發現了許多其他類型的 RNA。以下是一些例子：

- **微** *RNA*（miRNA）是與信使 RNA 結合並阻止其轉化為蛋白質的短片段 RNA。對於某些類型的動物，尤其是哺乳動物，這是一種非常重要的調節機制。

- **短干擾** *RNA*（siRNA）是另一種與 mRNA 結合並阻止其翻譯的 RNA。它類似於 miRNA，但 siRNA 是雙鏈的（與單鏈的 miRNA 不同），並且它們發揮作用的一些細節也不同。我們將在本章後面更詳細地討論 siRNA。

- **核酶**是 RNA 分子，可以作為催化化學反應的酶。化學是活細胞中發生的一切的基礎，因此催化劑對生命至關重要。通常這項工作是由蛋白質完成的，但我們現在知道它有時是由 RNA 完成的。

- **核糖開關**是由兩部分組成的 RNA 分子。一部分充當信使 RNA，而另一部分能夠結合小分子，結合時可以啟用或阻止 mRNA 的轉譯。這是另一種調節機制，透過該機制可基於細胞中特定小分子的濃度調節蛋白質產生。

當然，必須製造所有這些不同類型的 RNA，並且 DNA 必須包含如何製造它們的說明。因此，DNA 不僅僅是一串編碼的蛋白質序列，它還包含 RNA 序列、轉錄因子、其他調節分子的結合位點、如何拼接消化 RNA 的說明、如何影響組蛋白周圍、如何纏繞、哪些基因被轉錄的各種化學修飾。

接下來思考核醣體完成將 mRNA 翻譯成蛋白質後會發生什麼。一些蛋白質可以自發折疊成正確的 3D 形狀，但許多蛋白質需要其他蛋白質的幫助，這些蛋白質稱為**分子伴侶**。蛋白質在翻譯後需要額外的化學修飾也是很常見的，必須將完成的蛋白質運輸到細胞中的正確位置以完成其工作，並且於不再需要時降解。這些過程中的每一個都受到額外調節機制的控制，並涉及與許多其他分子的相互作用。

如果這聽起來很可怕，那是因為它本來就很複雜！生物體遠比人類創造的任何機器複雜得多。試圖理解它的想法*應該嚇倒你*！

但這也是機器學習是如此強大的工具的原因。我們擁有大量的數據，這些數據都是由令人難以置信的複雜且難以理解的流程生成的。我們想要發現隱藏在數據中的微妙模式，這正是深度學習擅長的問題！

事實上，深度學習*非常*適合這個問題。傳統的統計技術難以代表基因組的複雜性，它們通常基於簡化假設。例如，它們尋找變量之間的線性關係，或者嘗試將模型設計為僅依賴於少量變數。但基因組學涉及數百個變數之間複雜的非線性關係：正是這種關係可以透過深度神經網路有效的描述。

轉錄因子結合

讓我們以預測轉錄因子結合的問題作為將深度學習應用於基因組學的一個例子。要記得 TF 是與 DNA 結合的蛋白質，它們結合時會影響附近基因轉錄成 RNA 的可能性。但 TF 如何知道結合的位置？如同許多基因組學一樣，這個問題有一個簡單的答案帶來更大複雜的問題。

首先，每個 TF 都有一個特定的 DNA 序列，稱為與其結合的**結合位點模體**。結合位點模體傾向較短，通常為 10 個鹼基或更少。只要 TF 的基序出現在基因組中，TF 就會與它結合。

但實際上，模體並不是特定的。TF 能結合許多相似但不相同的序列，模體內的一些基可能比其他基更重要。這通常被設計為位置權重矩陣，指定 TF 對於模體內的每個位置處的每個可能基的偏好程度。當然，這假設模體中的每個位置都是獨立的，但並非總是如此，有時即使是模體的長度也會不同。雖然結合主要是由模體內的鹼基決定，但它任何一側的 DNA 也會產生一些影響。

這只是考慮序列而已！ DNA 的其他方面也很重要。許多 TF 受到 DNA 物理形狀的影響，例如雙螺旋扭曲的緊密程度。若 DNA 被甲基化則會影響 TF 結合。要記住真核生物中的大多數 DNA 被緊緊包裹在一起，纏繞在組蛋白上，TF 只能結合已解開的部分。

其他分子亦扮演重要的角色。TF 通常與其他分子相互作用，這些相互作用可影響 DNA 結合。例如 TF 可以與第二個分子結合形成複合物，然後該複合物與 TF 本身結合不同的 DNA 模體。

生物學家花了數十年時間解開這些細節並設計 TF 結合模型。相較於這麼做，讓我們看看是否可以使用深度學習直接從數據中學習模型。

TF 結合的卷積模型

此例使用一個名為 JUND 的特定轉錄因子的實驗數據。實驗確定人類基因組中與之結合的每個位置。為了容易管理，我們只使用來自染色體 22 的數據，這是最小的人類染色體之一。它仍然有超過 5,000 萬個鹼基，因此可以為我們提供合理的數據量。完整的染色體被分成短片段，每個片段有 101 個鹼基，且每個片段都被標記是否包括 JUND 結合的位點。

我們將嘗試訓練一個模型，根據每個片段的順序預測這些標籤。

序列用獨熱編碼表示。每個鹼基有四個數字，其中一個設置為 1 而其他設置為 0。四個數字中的哪一個設置為 1 表示鹼基是 A、C、G、或 T。

我們使用的卷積神經網路同第 3 章的手寫數字識別。事實上，你會發現這兩個模型非常相似。這一次我們將使用 1D 卷積，因為我們處理的是 1D 數據（DNA 序列）而不是 2D 數據（圖形），但模型的基本組件將是相同的：輸入、一系列卷積層、一個或多個用於計算輸出的密集層和交叉熵損失函數。

建立 TensorGraph 並定義輸入：

```
model = dc.models.TensorGraph(batch_size=1000)
features = layers.Feature(shape=(None, 101, 4))
labels = layers.Label(shape=(None, 1))
weights = layers.Weights(shape=(None, 1))
```

注意輸入的大小。每個樣本將大小為 101（鹼基數）的特徵向量乘以 4（每個鹼基的獨熱編碼）。還有一個標籤號碼（0 或 1，表示它是否包含一個結合點）和一個權重數字。損失函數中的權重至關重要，因為數據非常不平衡。所有樣品中不到 1% 包含結合點。這意味著只需為每個樣本輸出 0，模型就可以輕鬆獲得高於 99%的精度。我們給予陽性樣本比陰性樣本更高的權重來防止這種情況。

接下來建立一個包含三個卷積層的堆疊，各層參數相同：

```
prev = features
for i in range(3):
  prev = layers.Conv1D(filters=15, kernel_size=10,
                       activation=tf.nn.relu, padding='same',
                       in_layers=prev)
  prev = layers.Dropout(dropout_prob=0.5, in_layers=prev)
```

卷積核心的寬指定為 10，而每個層應有 15 個過濾器（即輸出）。第一層以原始特徵（每個基四個數字）作為輸入，它檢視 10 個連續鹼基，因此總共有 40 個輸入值，它將這 40 個值乘以卷積核心以產生 15 個輸出值。第二層再次檢視 10 個鹼基，但這次輸入是第一層計算出的 15 個值。它為每個基計算一組新的 15 個值，依此類推。

為防止過適，我們在每個卷積層之後加上一個丟棄層。丟棄率設為 0.5，這意味著 50% 的輸出值隨機設置為 0。

接下來使用緻密層來計算輸出：

```
logits = layers.Dense(out_channels=1, in_layers=layers.Flatten(prev))
output = layers.Sigmoid(logits)
model.add_output(output)
```

我們希望輸出介於 0 和 1 之間，因此可以解釋為特定樣本包含結合點的機率。緻密層可以產生不限於任何特定範圍任意值，因此，我們透過邏輯 sigmoid 函數將其壓縮到所需範圍。此函數的輸入通常稱為 *logits*，此名稱是指數學 logit 函數，它是 logistic sigmoid 的反函數。

最後,我們計算每個樣本的交叉熵並乘以權重得到損失:

```
loss = layers.SigmoidCrossEntropy(in_layers=[labels, logits])
weighted_loss = layers.WeightedError(in_layers=[loss, weights])
model.set_loss(weighted_loss)
```

注意,出於數值穩定性的原因,交叉熵層以 logits 而非 sigmoid 函數的輸出作為輸入。

接下來準備訓練和評估模型。我們使用 ROC AUC 作為評估指標,每 10 個訓練世代後在訓練和驗證集上評估模型:

```
train = dc.data.DiskDataset('train_dataset')
valid = dc.data.DiskDataset('valid_dataset')
metric = dc.metrics.Metric(dc.metrics.roc_auc_score)
for i in range(20):
  model.fit(train, nb_epoch=10)
  print(model.evaluate(train, [metric]))
  print(model.evaluate(valid, [metric]))
```

結果如圖 6-2 所示。驗證集表現在 50 個世代後達到約 0.75,然後略有下降。訓練集的表現繼續提升,最終在 0.87 左右穩定下來。這告訴我們超過 50 個世代的訓練只會導致過適,我們應該停止訓練:

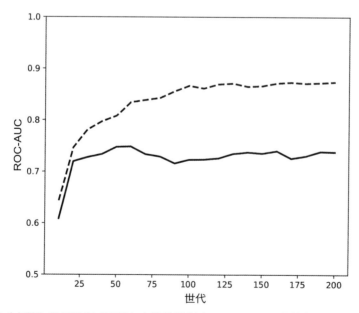

圖 6-2　訓練集(虛線)與檢驗集(實線)在訓練過程中 ROC AUC 分數的進展。

ROC AUC 分數 0.75 並不差，但也不是很好。可能可以透過改進模型來提升。我們可以嘗試改變很多超參數：卷積層的數量、每層的核心寬，每層中的過濾器數量、丟棄率等。我們可以嘗試多種組合以找出更好的表現。

但我們也知道這種模式能夠有效運作的基本限制。它所看到的唯一輸入是 DNA 序列，TF 結合還取決於許多其他因素：可及性、甲基化、形狀、其他分子的存在等。忽略這些因素的任何模型都將限制其預測的準確性。所以接下來讓我們嘗試加入第二個輸入看看是否有幫助。

染色質可及性

染色質（*chromatin*）指構成染色體的所有東西：DNA、組蛋白、和各種其他蛋白質與 RNA 分子。染色質可及性（*accessibility*）是指染色體的每個部分對外部分子的可及性。DNA 緊密纏繞在組蛋白上時，轉錄因子和其他分子變得難以接近。它們無法碰到它，DNA 實際上是無效的。當它從組蛋白中解開時，它再次變得可以接近，並恢復它作為細胞機器的中心部分的作用。

染色質可及性既不均勻也不是靜電，它在不同類型的細胞和細胞生命週期的階段之間變化。它可能受環境條件的影響，它是細胞用於調節其基因組活性的工具之一，任何基因都可以透過包裹它所在的染色體區域來關閉。

隨著細胞中的 DNA 纏繞和展開，可近性也在不斷變化。不要將可近性視為二元選擇（可近或不可近），最好將其視為連續變數（每個區域可近的時間比例）。

上一節分析的數據來自於一種稱為 HepG2 的特定細胞實驗，實驗確定了轉錄因子 JUND 結合的基因組中的位置，結果受染色質可及性的影響。如果特定區域幾乎總是在 HepG2 細胞中不可近，那麼實驗很可能不會發現 JUND 結合在那裡，即使 DNA 序列本來是一個完美的結合位點。所以，讓我們嘗試將可近性納入我們的模型中。

首先載入一些關於可近性的數據。我們將它放在一個文字檔案中，每一行對應於數據集的一個樣本（染色體 22 的 101 個鹼基段）。一行包含樣本 ID，接著一個用於衡量該區域在 HepG2 細胞中的可近性。將它載入 Python 字典中：

```
span_accessibility = {}
for line in open('accessibility.txt'):
  fields = line.split()
  span_accessibility[fields[0]] = float(fields[1])
```

接下來建構模型。我們使用與前面幾乎相同的模型,只有兩處小修改。首先每個樣本需要另一個可近性特徵輸入值:

```
accessibility = layers.Feature(shape=(None, 1))
```

接下來需要將可近性值合併到計算中。有很多方法可以做到這一點,我們在此例中使用一種特別簡單的方法。在上一節中,我們將最後一個卷積層的輸出展開,然後作為計算輸出的緻密層的輸入。

```
logits = layers.Dense(out_channels=1, in_layers=layers.Flatten(prev))
```

這一次也一樣,但將可近性加到卷積的輸出中:

```
prev = layers.Concat([layers.Flatten(prev), accessibility])
logits = layers.Dense(out_channels=1, in_layers=prev)
```

此模型就是這樣!接下來要訓練它。

此時我們遇到了一個困難:我們的模型有兩個不同的 Feature 層!到目前我們的模型只有一個 Feature 層、一個 Label 層、還有一個可能的 Weights 層。我們呼叫自動將正確的數據連接到每個層的 fit(dataset) 來訓練它們:數據集的 x 欄位用於特徵、y 用於標籤、w 用於權重。但是模型具有多個特徵集時顯然不可行。

使用 DeepChem 的更高階功能來處理這種情況,我們可以編寫一個迭代批次處理的 Python 生成器函數取代將數據集傳給模型。每個批次處理都由一個字典表示,該字典的鍵是輸入層,值是要用於它們的 NumPy 陣列:

```
def generate_batches(dataset, epochs):
  for epoch in range(epochs):
    for X, y, w, ids in dataset.iterbatches(batch_size=1000,
                                            pad_batches=True):
      yield {
        features: X,
        accessibility: np.array([span_accessibility[id] for id in ids]),
        labels: y,
        weights: w
      }
```

注意數據集如何處理迭代批次。它為每個批次提供數據,我們可以從中建構模型所需的任何輸入。

訓練和評估與以前完全一樣。我們使用生成程序而非數據集形式：

```
for i in range(20):
  model.fit_generator(generate_batches(train, 10))
  print(model.evaluate_generator(generate_batches(train, 1), [metric],
                                 labels=[labels], weights=[weights]))
  print(model.evaluate_generator(generate_batches(valid, 1), [metric],
                                 labels=[labels], weights=[weights]))
```

結果如圖 6-3 所示。與忽略染色質可及性的模型相比，訓練和驗證集分數都得到了提升。ROC AUC 分數現在達到訓練集的 0.91 和驗證集的 0.80。

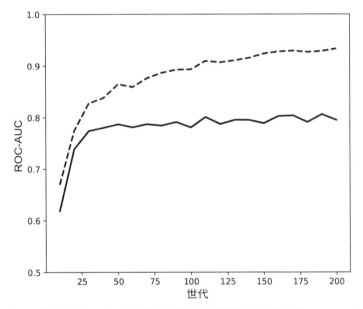

圖 6-3　將染色質可及性作為輸入時，訓練集（虛線）和驗證集（實線）的 ROC AUC 分數的演變。

RNA 干擾

最後一個例子轉向 RNA。與 DNA 非常相似，這是一種由稱為鹼基的四個重複單元組成的聚合物。實際上，四種鹼基中的三種與它們的 DNA 版本幾乎相同，不同之處僅在於具有一個額外的氧原子。第四個鹼基有點不同，RNA 以尿嘧啶（U）取代胸腺嘧啶（T）。DNA 序列轉錄成 RNA 時，每個 T 都被 U 取代。

鹼基 G 和 C 互補，因為它們具有相互鍵合的強烈傾向。同樣，鹼基 A 和 T（或 U）是互補的。如果有兩條 DNA 或 RNA 鏈且一條中的每個鹼基都與另一條中相應的鹼基互補，則這兩條鏈將趨向於黏在一起。這在許多生物過程中有著關鍵作用，包括轉錄和翻譯，以及細胞分裂時的 DNA 複製。

它也是稱為 *RNA 干擾*的核心。這種現象在 1990 年代發現，並且這一發現在 2006 年獲得了諾貝爾獎。一小段 RNA，其序列與信使 RNA 的一部分互補，可以與該 mRNA 結合。這種情況發生時，它會讓 mRNA "沉默" 並阻止其轉化為蛋白質。進行抑制的分子稱為短干擾 RNA（siRNA）。

這個過程之外還有更多的東西。RNA 干擾是一種複雜的生物學機制，不僅僅是兩種分離的 RNA 鏈聚在一起的副作用。它開始於 siRNA 與稱為 *RNA 誘導沉默複合體*（*RNA-induced silencing complex*，RISC）的蛋白質集合的結合。RISC 以 siRNA 作為模板來搜索細胞中匹配的 mRNA 並降解它們。這既用作調節基因表達的機制，也用作防禦病毒的機制。

它也是生物學和醫學的有力工具，它可以讓你暫時 "關閉" 任何基因，你可以使用它來治療疾病或研究基因被禁用時會發生什麼。只需識別想要阻斷的 mRNA，選擇它的任何短片段，並建立具有互補序列的 siRNA 分子。

（當然！）沒那麼簡單。你不能隨意選擇 mRNA 的任何片段，因為 RNA 分子不僅僅是四個字母的抽象圖案（當然！）。它們是具有不同屬性的物理物件，這些屬性取決於序列。一些 RNA 分子比其他分子更穩定，有些比其他更強的結合互補序列，有些折疊形狀使 RISC 更難結合。這意味著某些 siRNA 序列比其他 siRNA 序列效果更好，如果想使用 RNA 干擾作為工具，你需要知道如何選擇一個好的序列！

生物學家已經開發了許多用於選擇 siRNA 序列的啟發式方法。舉例來說，可能第一個鹼基應該是 A 或 G，G 和 C 鹼基應該在序列的 30％到 50％之間等等。這些啟發式很有幫助，但讓我們看看是否可以使用機器學習做得更好。

我們使用 2,431 個 siRNA 分子的資料庫來訓練我們的模型，各 21 個鹼基[1]。每一個分子都經過實驗測試並標記為 0 到 1 之間的值，表明它在抑制其目標基因的效果。較小值表示無效分子，而較大值表示有效的分子。該模型將序列作為輸入並嘗試預測有效性。

---

1 Huesken, D., J. Lange, C. Mickanin, J. Weiler, F. Asselbergs, J. Warner, B. Meloon, S. Engel, A. Rosenberg, D. Cohen, M. Labow, M. Reinhardt, F. Natt, and J. Hall, "Design of a Genome-Wide siRNA Library Using an Artificial Neural Network." *Nature Biotechnology* 23:995–1001. 2005. *https://doi.org/10.1038/nbt1118.*

以下是建構模型的程式碼：

```
model = dc.models.TensorGraph()
features = layers.Feature(shape=(None, 21, 4))
labels = layers.Label(shape=(None, 1))
prev = features
for i in range(2):
  prev = layers.Conv1D(filters=10, kernel_size=10,
                       activation=tf.nn.relu, padding='same',
                       in_layers=prev)
  prev = layers.Dropout(dropout_prob=0.3, in_layers=prev)
output = layers.Dense(out_channels=1, activation_fn=tf.sigmoid,
                      in_layers=layers.Flatten(prev))
model.add_output(output)
loss = layers.ReduceMean(layers.L2Loss(in_layers=[labels, output]))
model.set_loss(loss)
```

這與我們用於 TF 結合的模型非常相似，只有一些差異。我們使用更短的序列和更少的數據訓練，因此減少了模型的大小。它只有 2 個卷積層，每層 10 個濾波器而不是 15 個。也不需要權重，因為我們希望每個樣本在最佳化過程中都能做出相同的貢獻。

我們也使用不同的損失函數。TF 結合的模型是分類模型，每個標籤都是 0 或 1，我們試圖預測這兩個離散值其中之一。但這是一個遞歸模型，標籤是連續數字，模型會盡可能的匹配它們。因此，我們使用 L_2 距離作為損失函數，它試圖將真實和預測標籤之間的均方差最小化。

以下是訓練模型的程式碼：

```
train = dc.data.DiskDataset('train_siRNA')
valid = dc.data.DiskDataset('valid_siRNA')
metric = dc.metrics.Metric(dc.metrics.pearsonr, mode='regression')
for i in range(20):
  model.fit(train, nb_epoch=10)
  print(model.evaluate(train, [metric]))
  print(model.evaluate(valid, [metric]))
```

對於 TF 結合，我們使用 ROC AUC 作為我們的評估指標，它衡量模型將數據劃分為兩個類的準確程度。這適用於分類問題，但對於遞歸問題沒有意義，因此我們使用 Pearson 相關係數。這是介於 -1 和 1 之間的數字，0 表示模型根本未提供任何資訊，1 表示模型完美的再現實驗數據。

結果如圖 6-4 所示。50 個世代後，驗證集分數在 0.65 處達到峰值。訓練集分數繼續提高，但由於驗證集分數沒有進一步改善，這只是過適。鑑於模型的簡單化和訓練數據的數量有限，相關係數為 0.65 就算非常好。在更大的數據集上訓練的更複雜的模型會稍微好一點，但這已經是非常卓越的表現。

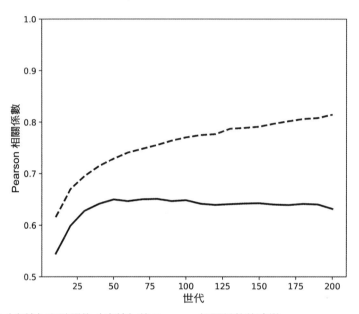

圖 6-4　訓練集（虛線）和驗證集（實線）的 Pearson 相關係數的演變。

結論

基因組是一個非常複雜的機器，大量的部件一起運作以指導和執行蛋白質和其他分子的製造。深度學習是研究它的有力工具，神經網路可以找出基因組數據中的微妙模式，深入了解基因組的功能以及對基因組的預測。

基因組學甚至超過生命科學的大多數其他領域，產生了大量的實驗數據。例如，單個人類基因組序列包括超過 60 億個鹼基。傳統的統計技術很難找到埋藏在所有數據中的信號，它們通常需要簡化假設，這些假設不能反映基因組調控的複雜性。深度學習非常適合處理這些數據並促進我們對活細胞核心功能的理解。

## 第七章

顯微鏡學的機器學習

這一章討論顯微鏡的深度學習技巧。在這些應用中，我們試圖了解顯微影像的生物結構。舉例來說，我們可能對計算指定圖像中特定類型的細胞數量感興趣，或者我們可能要識別特定的胞器。顯微鏡是生命科學最基本的工具之一，顯微鏡的進步極大的推動了人類科學的發展。即使對於持懷疑態度的科學家來說，眼見為真，並且能夠在視覺上檢查細胞等生物實體，從而直觀的了解生命的機制。細胞核和細胞骨架的的可視化（如圖7-1 所示）比教科書中的討論建立了更深刻的理解。

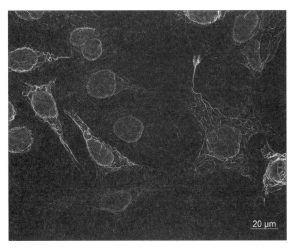

圖 7-1　人類 SK8/18-2 細胞。對這些細胞進行染色以突顯出其細胞核和細胞骨架，並使用螢光顯微鏡成像（來源：*https://commons.wikimedia.org/wiki/File:SK8-18-2_human_derived_cells,_fluorescence_microscopy_(29942101073).jpg*）。

問題是深度學習如何在顯微鏡中發揮作用。直到最近，分析顯微影像的唯一方法是讓人類（通常是學生或研究員）手動檢查這些影像以找出模式。最近，CellProfiler（*https://cellprofiler.org/*）等工具使生物學家能夠自動組裝處理成像數據的管道。

自動化高通量顯微影像分析

過去的幾十年中，自動化的進步讓某些系統能執行自動化高通量顯微鏡。這些系統結合使用簡單的機器人（用於自動處理樣品）和圖像處理演算法來自動處理影像，這些影像處理應用程序能分離細胞的前景和背景、簡單的計算細胞數、以及其他基本測量。此外，CellProfiler 等工具使得沒有程式設計經驗的生物學家能夠建構新的自動化管道來處理細胞數據。

然而，自動顯微鏡系統在傳統上有許多限制。首先，現有的計算機視覺管道無法執行複雜的視覺任務。還有，正確製備用於分析的樣品需要科學家進行相當複雜的實驗。由於這些原因，自動顯微鏡仍然是一種相對小眾的技術，儘管它在實現複雜的新實驗方面取得了相當大的成功。

因此深度學習對於擴展 CellProfiler 等工具的功能具有相當好的前景。如果深度分析方法可以執行更複雜的分析，自動顯微鏡可以成為一種更有效的工具。因此，如接下來的內容所示，有相當多的深度顯微鏡研究。

深度學習技術的希望在於它們將使自動化顯微鏡管道變得更加靈活，深度學習系統有潛力能夠做到任何人工影像分析的能力。此外，早期的研究顯示深度學習技術可以大大擴展廉價顯微鏡硬體的功能，讓廉價的顯微鏡可做到非常複雜和昂貴的設備才能做的分析。

未來甚至可以培養"模擬"實驗分析的深層模型。這樣的系統能夠預測實驗的結果（在特定狀況下）而不用實際執行實驗。這是一個非常強大的能力，並激發基於圖像的生物學深度網路。

本章將介紹深度顯微鏡的基礎知識，我們將展示深度學習系統如何學習執行細胞計數和細胞分割等簡單任務。此外，我們將討論如何建構可擴展的系統以處理更複雜的圖像處理管道。

顯微鏡學簡介

深入研究演算法前讓我們先談談基礎知識。顯微鏡學是使用物理系統查看小物體的科學，傳統上，顯微鏡是純粹的光學設備，使用精細研磨的透鏡來擴展樣品的解析度。最近，顯微鏡領域開始嚴重依賴電子束、甚至物理探針等技術來生產高解析度樣品。

幾個世紀以來，顯微鏡一直與生命科學密切相關。在 17 世紀，Anton van Leeuwenhoek 使用早期的光學顯微鏡（他自己設計和建造）以前所未有的細節描述微生物（如圖 7-2 所示）。這些觀察結果嚴重依賴於 van Leeuwenhoek 在顯微鏡方面取得的進展，特別是他發明了一種新鏡頭可顯著提高當時顯微鏡的解析度。

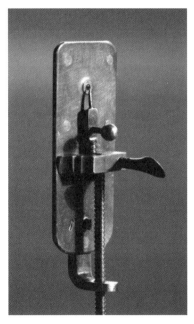

圖 7-2　van Leeuwenhoek 顯微鏡複製品。van Leeuwenhoek 將他的鏡片研磨過程的關鍵細節保密，直到 1950 年代美國和蘇聯的科學家們才成功的再現此顯微鏡（來源：*https://en.wikipedia.org/wiki/Antonie_van_Leeuwenhoek#/media/File:Leeuwenhoek_Microscope.png*）。

高解析度光學顯微鏡的發明引發了微生物學的革命。顯微鏡技術的普及以及大規模觀察細胞、細菌、和其他微生物的能力，使得整個微生物學領域和疾病的致病模型成為可能。顯微鏡對現代生命科學的影響很大。

光學顯微鏡可以是簡單的也可以是複合的。簡單的顯微鏡僅使用單個鏡頭進行放大,複合顯微鏡使用多個鏡頭來實現更高的解析度,但代價是額外的結構複雜性。第一批實用的複合顯微鏡直到 19 世紀中葉才出現!可以說隨著 1980 年代數位顯微鏡的出現才使光學顯微鏡系統設計有重大進展,這使得顯微鏡擷取的圖像能夠被寫入計算機儲存體中。如前述,自動顯微鏡使用數位顯微鏡擷取大量圖像,這可用於進行大規模生物實驗。

現代光學顯微鏡

儘管光學顯微鏡已經存在了幾個世紀,但該領域仍然有相當大的創新空間。最基本的技術之一是**光學切片**。光學顯微鏡具有焦平面,已經有多種技術選擇焦平面,透過演算法將這些聚焦圖像拼接在一起以建立高解析度圖像甚或是 3D。圖 7-3 展示如何組合一粒花粉的切片圖像以產生高象真圖像。

共聚焦顯微鏡是光學切片問題的常見解決方案。它使用針孔阻擋來自焦點外的光線,使共焦顯微鏡能夠獲得更好的深度感知。移動顯微鏡的焦點並進行水平掃描可以獲得整個樣品的完整圖像,同時提高光學解析度和對比度。一個有趣的歷史小知識是共聚焦成像的概念首先由 AI 先驅 Marvin Minsky 獲得專利(見圖 7-4)。

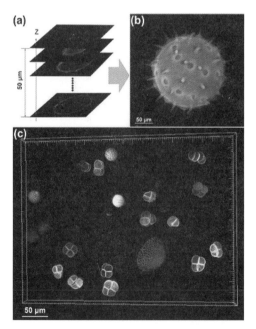

圖 7-3　花粉粒成像:(a) 花粉粒的光學切片螢光圖像;(b) 合併圖像;(c) 一組花粉粒的組合圖像
(來源:*https://commons.wikimedia.org/wiki/File:Optical_sectioning_of_pollen.jpg*)。

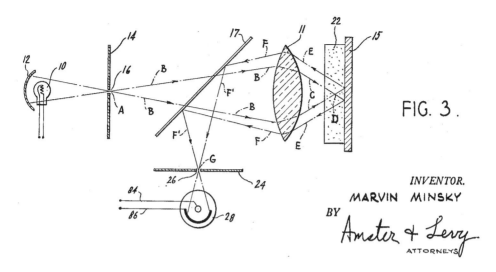

圖 7-4　Minsky 的共聚焦掃描顯微鏡專利圖示。在歷史的奇特轉折中，Minsky 更因人工智能領域的開創性工作而聞名（來源：*https://en.wikipedia.org/wiki/Confocal_microscopy#/media/File:Minsky_Confocal_Reflection_Microscope.png*）。

精心設計的光學切片顯微鏡擅長擷取生物系統的 3D 圖像，因為掃描可用於聚焦圖像的多個部分。這些聚焦圖像可以透過演算法拼接在一起以產生精美的 3D 重建。

下一節將探討光學顯微鏡的一些基本限制與解決這些限制的技術。這個部分與深度學習沒有直接關係（隨後會解釋），但我們認為它將提供對當今顯微鏡面臨的挑戰的寶貴理解。如果你想幫助設計下一代機器學習驅動的顯微系統，這種直覺是有用的。但若你急於看到程式碼，建議你跳到後面，我們將深入研究更直接的應用程序。

深度學習不能做什麼？

深度學習看起來可以對顯微鏡產生影響，因為深度學習在圖像處理方面表現優異，而顯微鏡正是圖像擷取。但是值得一提的是：顯微鏡的哪些部分不能靠深度學習呢？正如我們在本章後面所述，準備一個用於顯微成像的樣品可能相當複雜。此外，樣品製備需要相當大的物理靈活性，因為實驗者必須能夠將樣品固定。我們怎麼可能透過深度學習自動化或加速這個過程？

不幸的事實是機器人系統的能力仍然非常有限。雖然樣品的共焦掃描等簡單任務易於處理，但清潔和準備樣品需要相當專業的知識。短期內任何實用機器人系統都不太可能具備這種能力。

預測學習技術對未來的影響時，要記得還有樣品準備等問題。生命科學中的許多痛點都涉及樣品準備等任務，這些任務對於今天的機器學習來說是辦不到的。這可能會改變，但短期內不會發生。

繞射極限

研究顯微鏡等的新物理儀器時，首先要嘗試了解其極限。顯微鏡不能做什麼？事實上前幾代物理學家已經深入研究了這個問題（最近也有一些驚喜！）。首先要考慮的是**繞射極限**，這是顯微鏡解析度的理論限制：

$$d = \frac{\lambda}{2n \sin \theta}$$

$n \sin \theta$ 經常被重寫為數值孔徑 NA，λ 是光的波長。注意這裡隱含的假設，我們假設樣品用某種形式的光照射，讓我們看一下光頻譜（見圖 7-5）。

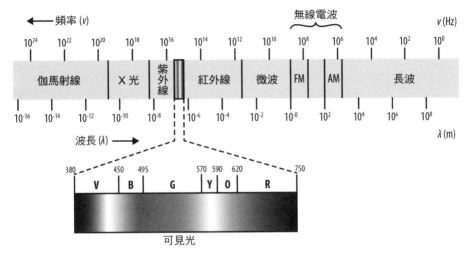

圖 7-5　光頻譜。注意 X 光等短波長光源能量越來越高，因此它們經常會破壞生物樣品。

注意可見光只是形成該光譜的一小部分。原則上，我們應該能夠使用足夠低的波長的光來獲得所需的解析度。在某種程度上，這已經發生了。許多顯微鏡使用更高能的電磁波，例如，紫外顯微鏡依靠紫外線具有較小的波長以產生更高的解析度。難道我們不能進一步採用這種模式並使用更小波長的光嗎？例如，為什麼不是 X 射線或伽馬射線顯微鏡？主要問題是光毒性。小波長的光具有高能量，在樣品上照射這樣的光會破壞樣品的結構。此外，高波長光對實驗者有危險，需要特殊的實驗設施。

幸運的是有許多避開繞射極限的技術。人們使用電子（也具有波長！）對樣品進行成像，另一種是使用物理探針而不是光。還有一種避免分辨率限制的方法是利用近場電磁波，使用多個照明螢光團的技巧也可以降低限制。我們將在以下部分討論這些技術。

電子與原子力顯微鏡

1930 年代出現的電子顯微鏡引發了現代顯微鏡學的巨大飛躍，電子顯微鏡使用電子束代替可見光以獲得物體的圖像。由於電子的波長遠小於可見光的波長，因此使用電子束代替光波可以得到更詳細的圖像。為什麼可行？電子不是粒子嗎？要知道物質可以表現出類似波的特性。這被稱為 de Broglie 波長，它首先由 Louis de Broglie 提出：

$$\lambda = \frac{h}{p} = \frac{h}{mv}$$

此處 h 是普朗克常數，m 和 v 是所討論粒子的質量和速度（對物理學家來說這個公式並沒有考慮到相對論效應，這個公式有修正版本）。電子顯微鏡利用電子的波特性對物理物體進行成像。電子的波長取決於其能量，但在標準電子槍可實現的波長下很容易達到次納米級。加上前面討論的繞射極限模型，很容易看出電子顯微鏡如何成為一種強大的工具。第一批原型電子顯微鏡於 1930 年代初建成，雖然結構已經大大改進，但今天的電子顯微鏡仍然依賴於相同的核心原理（見圖 7-6）。

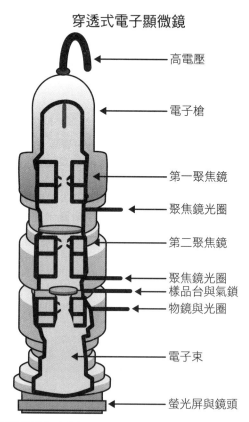

穿透式電子顯微鏡

高電壓

電子槍

第一聚焦鏡

聚焦鏡光圈

第二聚焦鏡

聚焦鏡光圈
樣品台與氣鎖
物鏡與光圈

電子束

螢光屏與鏡頭

圖 7-6　現代穿透式電子顯微鏡組件（來源：*https://commons.wikimedia.org/wiki/File:Electron_Microscope.png*）。

注意我們尚未完全避開光毒性問題。為了獲得波長非常小的電子，我們需要增加它們的能量——並在非常高的能量下將再次破壞樣品。此外，準備用於成像的樣品的過程可能非常複雜。然而，使用電子顯微鏡可以獲得令人驚嘆的微觀系統圖像（見圖 7-7）。掃描電子顯微鏡掃描輸入樣本能獲得更大的視野、解析度小至 1 納米的圖像。

圖 7-7　花粉透過掃描電子顯微鏡放大 500 倍（來源：*https://commons.wikimedia.org/wiki/File:Misc_pollen.jpg*）。

原子力顯微鏡（AFM）提供了另一種突破光學繞射極限的方法，此技術利用懸臂以物理探測給定的表面，懸臂和樣品之間的直接物理接觸產生解析度為幾分之一納米的圖像。實際上，有可能對單個原子進行成像！由於懸臂與表面的直接接觸，原子力顯微鏡還提供表面的 3D 圖像。

力顯微鏡廣泛是最近的技術。第一個原子力顯微鏡於 1980 年代發明，之後納米級製造技術已經成熟到可以精確製造探測器的程度，因此生命科學領域的應用才剛開始。已有一些關於使用 AFM 探針成像細胞和生物分子的工作，但這些技術仍處於早期階段。

超高解析度顯微鏡

前面已經討論了許多避開繞射極限的方法，包括使用更高波長的光或物理探頭來提高解析度。然而，在 20 世紀下半葉出現了一個科學的突破，因為發現完整的突破超過繞射極限的一群方法。總的來說，這些技術被稱為超高解析度顯微鏡技術：

功能性超解析度顯微鏡

利用嵌入樣品中的發光物質的物理特性，例如生物顯微鏡中的螢光標籤（後面會有更多說明）可以突顯特定的生物分子。這些技術允許標準光學顯微鏡檢測光發射器，功能性超解析度技術可以大致分為決定性和隨機性技術。

決定性超解析度顯微鏡

一些發光物質對激發具有非線性響應。這究竟意味著什麼？這個想法是透過"關閉"附近的其他發光體以實現對特定發光體的任意對焦。這背後的物理學有點麻煩，但受激發射耗盡（STED）等成熟的顯微鏡已經證明了這種技術。

隨機性超解析度顯微鏡

生物系統中的發光分子受隨機運動的影響。這意味著隨時間追蹤發光粒子的運動，可將測量值進行平均以產生其真實位置的低誤差估計，有許多技術（例如 STORM、PALM、BALM 顯微鏡）利用這一基本思想。這些超解析度技術在現代生物學和化學中產生了巨大的影響，因為它們允許相對便宜的光學設備來探測納米級系統的行為。2014 年諾貝爾化學獎授予功能性超解析度技術的先驅。

深度超解析度技術

最近的研究已經開始利用深度學習技術來重建超解析度圖像[1]。這些技術從稀疏、快速採集的圖像中進行重建，聲稱超解析度顯微鏡的速度有數量級的改進。雖然仍處於起步階段，但這將有望成為深度學習的應用領域。

近場顯微鏡是另一種超解析度技術，它利用樣品中的局部電磁資訊。這些"漸逝波"不遵守繞射極限，因此可以實現更高的分辨率。然而，代價是顯微鏡必須從非常靠近樣品收集光（樣品光波長以內）。這意味著雖然近場技術可以產生非常有趣的物理，但實際應用仍然具有挑戰性。最近還出現可以建構負折射率的"超材料"。實際上，這些材料的特性意味著可以放大近場消逝波以容許進一步遠離樣品成像。這個領域的研究還在初期階段，但非常令人興奮。

---

1   Ouyang, Wei, et al. "Deep Learning Massively Accelerates Super-Resolution Localization Microscopy." *Nature Biotechnology* 36 (April 2018): 460–468. *https://doi.org/10.1038/nbt.4106.*

深度學習與繞射極限？

有些線索表示深度學習可能有助於超解析度顯微鏡的擴散。一些早期的論文顯示深度學習演算法有可能加速超解析度圖像的建構，或者能用相對便宜的硬體實現有效的超解析度（見前面註釋所指的論文）。

這些線索特別引人注目，因為深度學習可以有效的執行圖像去模糊等任務[2]。這一證據顯示有可能建立一套基於深度學習的超解析度工具，可以極大的促進這些技術的採用。目前這項研究尚不成熟，還沒出現引人注目的工具，但是我們希望這種狀況將在未來幾年內發生變化。

準備顯微鏡生物樣本

在生命科學中應用顯微鏡的最關鍵步驟之一是為顯微鏡準備樣品，這可能是一個需要相當多的實驗複雜性的重要過程。我們將在本節中討論一些準備樣本的技術，與這些技術可能出錯的方式並建立意料之外的實驗物。

染色

最早的光學顯微鏡能夠放大微觀物體。這種能力使得對小物體的理解有了驚人的改進，但它有一個主要限制，即無法突顯某些區域以進行對比。這導致了化學染色的發展，讓科學家們可以查看圖像的局部區域以進行對比。

有各式各樣的染色來處理不同類型的樣品。染色程序本身涉及多個步驟，染色在科學上可以產生極大的影響。事實上，根據細菌對眾所周知的革蘭氏染色的反應，將細菌分類為"革蘭氏陽性"或"革蘭氏陰性"是很常見的。深度學習系統的任務可以在顯微鏡樣本中分辨和標記革蘭氏陽性和革蘭氏陰性細菌。如果要開發抗生素，這將使你能夠分別研究它對革蘭氏陽性和革蘭氏陰性菌種的影響。

---

2 Tao, Xin, et al.〝Scale-Recurrent Network for Deep Image Deblurring.〞 *https://arxiv.org/pdf/1802.01770.pdf.* 2018.

開發者為什麼要在乎這些？

讀者可能是對處理建構和部署深度顯微鏡管道的挑戰感興趣的開發者，你可能會合理的問自己是否應該關心樣品製備的生物學。

如果你確實專注於建構管道的挑戰，可以直接跳到後面的案例研究，但對基本樣品製備的理解可能會對你以後遇到問題時有幫助，並能有效的與生物學家溝通。如果生物學要求為染色加上元數據欄，這一節可讓你知道這是在說什麼。值得花這幾分鐘的時間！

開發抗革蘭氏陰性菌藥物

開發藥物的主要挑戰之一是為革蘭氏陰性菌開發有效的抗生素。革蘭氏陰性細菌具有額外的細胞壁，它會阻止針對革蘭氏陽性細菌的肽聚醣細胞壁的常見抗菌劑有作用。

這一挑戰變得更加緊迫，因為許多菌株透過水平基因轉移等方法獲得了革蘭氏陰性抗性，經過數十年的控制後，細菌感染導致的死亡率再次上升。

將你已經看過的分子設計的深度學習方法與本章將要學習的一些基於成像的技術相結合可能會在這個問題上取得進展，我們鼓勵對這個領域的可能性感到好奇的讀者更仔細的探索此一領域。

樣品固定術

組織等較大的生物樣本通常會迅速降解。樣品的代謝過程將消耗並破壞樣品的器官、細胞、細胞器的結構。"固定術"試圖阻止這個過程並穩定樣品的內容以使其可以正確成像。已經有許多有助於此過程的**固定劑**，固定劑的核心功能之一是使蛋白質變性並關閉消耗樣品的蛋白水解酶。

此外，固定過程試圖殺死可能損壞樣品的微生物。舉例來說，熱固定的樣品會透過本生燈，該過程的副作用是損害樣品的內部結構。另一種常見的技術是浸入式固定，將樣品浸入固定溶液中並使其吸收。舉例來說，將樣品浸泡在冷福爾馬林中一段時間，例如 24 小時。

灌注是一種用於固定老鼠等較大動物的組織樣本的技術。實驗者將固定劑注入心臟並在提取組織樣本之前等待小鼠死亡，該過程讓固定劑自然地透過組織擴散，通常會產生不錯的結果。

樣品切片

觀察生物樣品的一個重要部分是切出樣品的薄片以用於顯微鏡。有許多巧妙的工具可以幫助這一過程，包括將生物樣本切成薄片的切片機（見圖 7-8）。切片機有其限制：以這種方式切割非常小的物體很困難，小物體最好使用共聚焦顯微鏡等技術。

知道存在切片機等設備是有用的。例如一名工程師要建構一個管道來處理大量的腦成像樣本，使用切片機或類似的切割裝置可將樣品腦切成薄片。了解此過程的物理性質將有助於你建構一致組織此類圖像的模式。

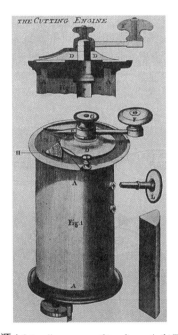

圖 7-8　1770 年的切片機圖（來源：*https://commons.wikimedia.org/wiki/File:Cummings_1774_Microtome.jpg*）。

螢光顯微鏡

螢光顯微鏡是利用螢光現象的光學顯微鏡，其中材料樣品吸收一個波長的光並在另一個波長發射。這是一種自然的物理現象；例如，許多礦物質在暴露於紫外線時會發出螢光。應用於生物學時會變得特別有趣，許多細菌的蛋白質吸收高能光並發出低能量光。

螢光團與螢光標記

螢光團是一種化合物，可以在特定波長下重新發光。這些化合物是生物學中的關鍵工具，因為它們能讓實驗者對特定細胞的特定部分進行成像。實驗上，螢光團通常作為染料應用於特定細胞。圖 7-9 顯示常見螢光團的分子結構。

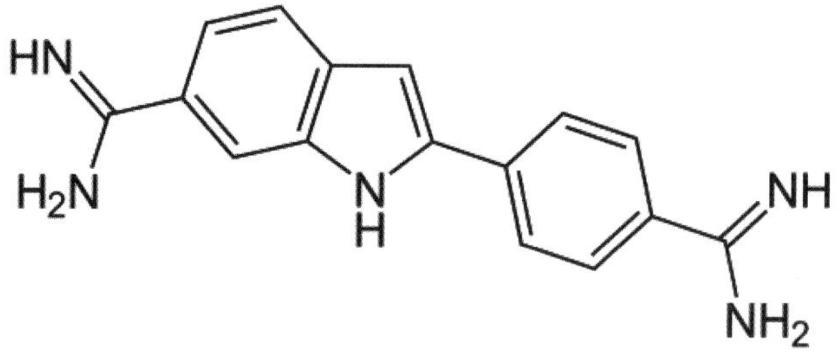

圖 7-9　DAPI（4',6-diamidino-2-phenylindole）是一種常見的螢光染料，可與富含腺嘌呤 - 胸腺嘧啶的 DNA 區域結合。因為能通過細胞膜，常用於細胞內部染色（來源：*https://commons.wikimedia.org/wiki/File:DAPI.svg*）。

螢光標記是一種將螢光團接到生物體內指定生物分子的技術，有多種技術可有效執行。它在顯微鏡成像中非常有用，這在想要突顯圖像的特定部分時很常見。

螢光標記可以非常有效的實現這一點。螢光顯微鏡已被證明是生物學研究的巨大福音，因為它能讓研究人員放大生物樣品中的特定子系統而不是處理整個樣品。研究單個細胞或細胞內的單個分子時，標記可以將注意力集中在特定的子系統上。圖 7-10 顯示螢光染料選擇性的突顯細胞核內的特定染色體。

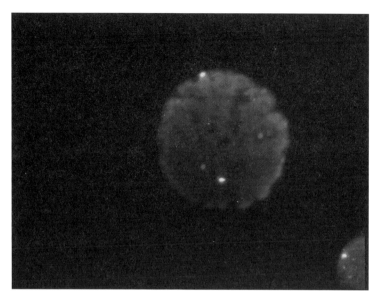

圖 7-10　人淋巴細胞核中以 DAPI（一種常見的螢光染料）突顯染色體 13 與 21 的圖像（來源：*https://commons.wikimedia.org/wiki/File:FISH_13_21.jpg*）。

螢光顯微鏡是非常精確的工具，可用於追蹤單個分子結合之類的事件。舉例來說，可以用螢光測定法檢測蛋白質與配體的結合事件（如第 5 章所述）。

樣品準備的人為產物

要注意樣品製備可能是一個非常麻煩的過程。準備原始樣品過程引起的扭曲很常見，這可能導致一些混亂。一個有趣的例子是下面的警告會討論到的中間體。

中間體：一個虛構的細胞器

為電子顯微鏡固定細胞的過程引入了一種關鍵的人為產物，即革蘭氏陽性細菌中的中間體（見圖 7-11）。為電子顯微鏡的樣品製備過程引起的細胞壁的降解，最初被認為是天然結構而不是人工製品。

要注意你自己的樣品中可能存在類似的人為產物。此外，深度網路有可能自己訓練成檢測出此類人為產物，而不是自己找到真正的生物學對象。

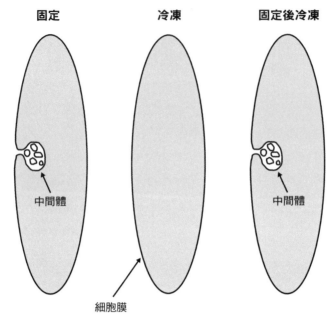

圖 7-11　中間體為電子顯微鏡的製備過程中的產物，曾被認為是細胞中的真實結構
（來源：*https://en.wikipedia.org/wiki/Mesosome#/media/File:Mesosome_formation.svg*）。

追蹤顯微鏡樣品的來源

設計處理顯微鏡數據的系統時，追蹤樣品的來源至關重要。每張圖像都應
註明有關收集條件的資訊。這可能包括用於擷取圖像的物理設備、監督成
像過程的技術人員、成像的樣本、以及採集樣本的物理位置。生物學的
"除錯"是非常麻煩的。前述的問題可能在數十年間都未追蹤。維護圖像
的來源資料可以使你與團隊免受重大問題的困擾。

深度學習應用

這一節討論細胞計數、細胞區分、計算分析等深度學習對顯微鏡的各種應用。如前述，
這只是深度顯微鏡可能應用的一部分。但是，了解這些基本應用程序能為你提供發明新
深度顯微鏡應用程序所需的認識。

細胞計數

一個簡單的任務是計算圖像中出現的細胞數。你可能會問為什麼這是一項有趣的任務，對於許多生物學實驗，追蹤特定干擾後存活的細胞數量非常有用。舉例來說，細胞也許來自癌細胞系，而干擾是抗癌化合物的應用，成功的干擾將減少活癌細胞的數量，因此以深度學習系統準確計算這些活細胞的數量而無需人為介入會很有用。

細胞培養是什麼？

生物學中，研究特定類型的細胞是有用的。針對細胞集合進行實驗的第一步是獲得大量此類細胞，這就是細胞培養。細胞培養是以指定來源培養的細胞，可以在實驗室條件下穩定生長。細胞培養已經用於無數的生物學論文中，但是對它們進行的科學研究經常存在嚴重的擔憂。首先，從自然環境中移除細胞可以從根本上改變其生物學。越來越多的證據顯示，細胞的環境可以從根本上塑造其對刺激的反應。

更嚴重的是細胞培養經常被污染。來自一個細胞培養的細胞可能污染來自另一個細胞培養的細胞，因此 "乳腺癌" 細胞培養的結果實際上可能沒有告訴研究人員乳腺癌的任何事情！

由於這些原因，對細胞培養的研究通常需要謹慎對待，其結果僅僅是為了嘗試重複動物或人體試驗。然而，細胞培養研究為生物學研究提供了寶貴的切入點並且無處不在。

圖 7-12　果蠅細胞樣本。注意顯微鏡圖像中的成像狀況與照片中的成像狀況明顯不同（來源：*http://cellimagelibrary.org/images/21780*）。

如圖 7-12 所示，細胞顯微鏡中的圖像狀況可能與標準圖像狀況明顯不同，因此卷積神經網路等技術並不是很明顯可用於細胞計數等任務。幸好重要的實驗工作顯示卷積網路對顯微鏡數據集學習方面做得很好。

以 DeepChem 實作細胞計數

這一節討論如何使用 DeepChem 建構用於細胞計數的深度學習模型。我們首先載入和特徵化細胞計數資料集。我們從 Broad Bioimage Benchmark Collection（*https://data.broadinstitute.org/bbbc/*，BBBC）取得有用的顯微鏡數據集。

BBBC 資料集

BBBC 數據集包含來自各種細胞分析與註釋生物圖像數據集。開始訓練自己的深度顯微鏡模型時，它是一個有用的資源。DeepChem 有一系列圖像處理資源，可以更輕鬆的使用這些數據集。特別是 DeepChem 的 `ImageLoader` 類別可載入數據集。

處理圖像資料集

圖像通常以標準圖像文件格式（PNG、JPEG 等）儲存在磁碟上。圖像數據集的處理管道通常從磁碟讀取這些文件，並將它們轉換為適合的記憶體表示，通常是多維陣列。在 Python 處理管道中，此陣列通常只是一個 NumPy 資料。對於 *N* 像素高、*M* 像素寬、3 個 RGB 顏色通道的圖像，會得到一個 (*N*, *M*, 3) 的陣列。如果你有 10 個這樣的圖像，這些圖像通常會被分配在一個 (10, *N*, *M*, 3) 陣列中。

將資料集載入 DeepChem 前先下載到本機。此任務使用的 BBBC005 資料集大小合適（稍低於 2 GB），因此要確保開發用的設備有足夠的空間：

```
wget https://data.broadinstitute.org/bbbc/BBBC005/BBBC005_v1_images.zip
unzip BBBC005_v1_images.zip
```

下載資料集後，你可以用 `ImageLoader` 將它載入至 DeepChem：

```
image_dir = 'BBBC005_v1_images'
files = []
labels = []
for f in os.listdir(image_dir):
 if f.endswith('.TIF'):
  files.append(os.path.join(image_dir, f))
  labels.append(int(re.findall('_C(.*?)_', f)[0]))
loader = dc.data.ImageLoader()
dataset = loader.featurize(files, np.array(labels))
```

此程式碼到下載目錄取得圖像檔案。標籤編在檔案名稱中，因此我們以一個節點的正規表示式擷取每個圖像中的細胞數。我們使用 ImageLoader 將它轉換成 DeepChem 資料集。

將資料集拆分為訓練、檢驗、測試集：

```
splitter = dc.splits.RandomSplitter()
train_dataset, valid_dataset, test_dataset = splitter.train_valid_test_split(
        dataset, seed=123)
```

拆分後開始定義模型。此例使用卷積架構加上最後的完全連接層：

```
learning_rate = dc.models.tensorgraph.optimizers.ExponentialDecay(0.001, 0.9,
                                                                    250)
model = dc.models.TensorGraph(learning_rate=learning_rate, model_dir='model')
features = layers.Feature(shape=(None, 520, 696))
labels = layers.Label(shape=(None,))
prev_layer = features
for num_outputs in [16, 32, 64, 128, 256]:
 prev_layer = layers.Conv2D(num_outputs, kernel_size=5, stride=2,
                                            in_layers=prev_layer)
output = layers.Dense(1, in_layers=layers.Flatten(prev_layer))
model.add_output(output)
loss = layers.ReduceSum(layers.L2Loss(in_layers=(output, labels)))
model.set_loss(loss)
```

注意我們使用 L2Loss 將模型作為回歸任務進行訓練。儘管細胞計數是整數，但對圖像中的細胞數沒有自然上限。

訓練這個模型將需要一些計算工作（稍後說明），我們建議使用預先訓練過的模型進行基本實驗，此模型可直接做預測。本書程式庫有下載預訓練模型的說明（*https://github.com/deepchem/DeepLearningLifeSciences*）。下載後，你可以將預訓練的權重載入模型中：

```
model.restore()
```

讓我們試試看這個訓練過的模型。首先，我們將為細胞計數任務計算測試集的平均預測誤差：

```
y_pred = model.predict(test_dataset).flatten()
print(np.sqrt(np.mean((y_pred-test_dataset.y)**2)))
```

執行此模型會得到什麼樣的精確度？

接下來要如何自行訓練此模型？你可以在資料集上訓練它 50 個世代：

```
model.fit(train_dataset, nb_epoch=50)
```

這項學習任務需要一定的計算能力。在一個好的 GPU 上，它應該在一個小時左右完成。以 CPU 系統訓練模型不太可行。

訓練後，在驗證和測試集上測試模型的準確性。它是否與訓練過的模型相匹配？

細胞區分

細胞區分的任務在細胞顯微鏡圖像上標示細胞出現的位置和背景出現的位置。為什麼這有用？如果你還記得我們之前關於革蘭氏陽性菌和革蘭氏陰性菌的討論，你可能會猜到為什麼用於區分這兩種細菌的自動化系統可能會有用。事實證明，所有細胞顯微鏡都會出現類似的問題（以及在其他成像領域，如第 8 章所述）。

區分遮罩提供了明顯更精細的分辨率，並能做比細胞計數更精細的分析。舉例來說，知道皿上面被細胞覆蓋的比例可能是有用的，生成區分遮罩後這種分析很容易執行。圖 7-13 顯示從合成數據集生成的區分遮罩的例子。

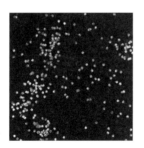 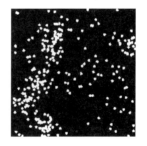

圖 7-13 細胞的合成數據集（左）以及標示細胞在圖像中出現的位置的前景 / 背景遮罩（來源：*https://data.broadinstitute.org/bbbc/BBBC005/*）。

也就是說，區分的要求比機器學習模型計數更高。能夠精確區分細胞和非細胞區域需要更高的學習精度。出於這個原因，機器學習區分方法當然比簡單的細胞計數方法更難以實現。我們將在本章後面嘗試區分模型。

區分遮罩的來源

值得注意的是，區分遮罩是複雜的對象，通常不存在用於生成這種遮罩的好演算法（除了深度學習技術之外）。那麼我們如何能夠引導完善深度區分技術所需的訓練數據呢？一種可能性是使用合成數據，如圖 7-13 所示。因為細胞圖像是以合成方式產生的，所以也可以合成地生成遮罩。這是一個有用的技巧，但它有明顯的局限性，因為它會將我們學到的區分方法限制為類似的圖像。

更通用的程序是讓人標示出合適的區分遮罩。類似的程序廣泛用於訓練自動駕駛汽車，在該任務中，找到行人和街道標誌的區分標示至關重要，並以大量的人力生成所需的訓練數據。隨著機器學習顯微鏡的重要性日益增加，類似的人工管道很可能變得至關重要。

以 DeepChem 實作細胞區分

這一節將在我們之前用於細胞計數任務的 BBBC005 數據集上訓練細胞區分模型。不過，這裡有一個至關重要的微妙之處。在細胞計數挑戰中，每個訓練圖像具有作為標籤的簡單計數。然而，在細胞區分任務中，每個標籤本身是一個圖像。這意味著細胞區分模型實際上是 "圖像變換程序" 的一種形式而不是簡單的分類或回歸模型。讓我們從取得數據集開始，使用以下命令從 BBBC 網站取得區分遮罩：

```
wget https://data.broadinstitute.org/bbbc/BBBC005/BBBC005_v1_ground_truth.zip
unzip BBBC005_v1_ground_truth.zip
```

標準資料約有 10 MB，應該比完整的 BBBC005 資料集容易下載。接下來將資料集載入 DeepChem 中。ImageLoader 可輕鬆處理區分資料集：

```
image_dir = 'BBBC005_v1_images'
label_dir = 'BBBC005_v1_ground_truth'
rows = ('A', 'B', 'C', 'D', 'E', 'F', 'G', 'H', 'I', 'J', 'K', 'L',
        'M', 'N', 'O', 'P')
blurs = (1, 4, 7, 10, 14, 17, 20, 23, 26, 29, 32, 35, 39, 42, 45, 48)
files = []
labels = []
for f in os.listdir(label_dir):
 if f.endswith('.TIF'):
  for row, blur in zip(rows, blurs):
   fname = f.replace('_F1', '_F%d'%blur).replace('_A', '_%s'%row)
   files.append(os.path.join(image_dir, fname))
   labels.append(os.path.join(label_dir, f))
```

```
loader = dc.data.ImageLoader()
dataset = loader.featurize(files, labels)
```

載入並處理好資料集後可開始建構一些深度學習模型。如前面的做法,我們將資料集拆分為訓練、檢驗、測試資料集:

```
splitter = dc.splits.RandomSplitter()
train_dataset, valid_dataset, test_dataset = splitter.train_valid_test_split(
        dataset, seed=123)
```

我們可以使用什麼架構來完成圖像區分任務?它不僅僅是使用直接卷積結構的問題,因為我們的輸出本身就是一個圖像(區分遮罩)。幸好我們已經有一些適合這項任務的合適架構。U-Net 架構使用一系列卷積逐步"向下採樣",然後對來源圖像"向上採樣",如圖 7-14 所示。這種架構可完成圖像區分的任務。

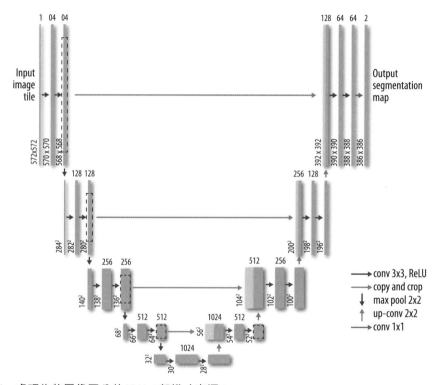

圖 7-14　處理生物圖像區分的 U-Net 架構(來源:*https://lmb.informatik.uni-freiburg.de/people/ronneber/u-net/*)。

接下來以 DeepChem 實作 U-Net：

```
learning_rate = dc.models.tensorgraph.optimizers.ExponentialDecay(0.01, 0.9, 250)
model = dc.models.TensorGraph(learning_rate=learning_rate,
                                              model_dir='segmentation')

features = layers.Feature(shape=(None, 520, 696, 1)) / 255.0
labels = layers.Label(shape=(None, 520, 696, 1)) / 255.0
# 向下採樣三次
conv1 = layers.Conv2D(16, kernel_size=5, stride=2, in_layers=features)
conv2 = layers.Conv2D(32, kernel_size=5, stride=2, in_layers=conv1)
conv3 = layers.Conv2D(64, kernel_size=5, stride=2, in_layers=conv2)
# 1x1 卷積
conv4 = layers.Conv2D(64, kernel_size=1, stride=1, in_layers=conv3)
# 向上採樣三次
concat1 = layers.Concat(in_layers=[conv3, conv4], axis=3)
deconv1 = layers.Conv2DTranspose(32, kernel_size=5, stride=2, in_layers=concat1)
concat2 = layers.Concat(in_layers=[conv2, deconv1], axis=3)
deconv2 = layers.Conv2DTranspose(16, kernel_size=5, stride=2, in_layers=concat2)
concat3 = layers.Concat(in_layers=[conv1, deconv2], axis=3)
deconv3 = layers.Conv2DTranspose(1, kernel_size=5, stride=2, in_layers=concat3)
# 計算最終輸出
concat4 = layers.Concat(in_layers=[features, deconv3], axis=3)
logits = layers.Conv2D(1, kernel_size=5, stride=1, activation_fn=None,
                                         in_layers=concat4)
output = layers.Sigmoid(logits)
model.add_output(output)
loss = layers.ReduceSum(layers.SigmoidCrossEntropy(in_layers=(labels, logits)))
model.set_loss(loss)
```

這種架構比細胞計數更複雜，但我們使用相同的程式碼結構和卷積層堆疊來實現我們所需的架構。和前面一樣，讓我們使用訓練過的模型來試試看這種架構。下載訓練過的模型的說明可在本書的程式庫（*https://github.com/deepchem/DeepLearningLifeSciences*）中找到。有了訓練過的權重，就可以像前面一樣載入權重：

```
model.restore()
```

讓我們使用這個模型建構一些遮罩。呼叫 model.predict_on_batch() 以預測一個輸入批次的輸出遮罩。比較我們的遮罩與標準遮罩並檢查重疊比例以檢查預測的準確性：

```
scores = []
for x, y, w, id in test_dataset.itersamples():
 y_pred = model.predict_on_batch([x]).squeeze()
 scores.append(np.mean((y>0) == (y_pred>0.5)))
print(np.mean(scores))
```

這應該回傳 0.9899 左右。這意味著將近 99％的像素被正確預測！這是一個很好的結果，但我們應該強調這是一個玩具學習任務。具有亮度閾值的簡單圖像處理算法可能幾乎也可以做到。儘管如此，這裡顯露的原則應該可延續到更複雜的圖像數據集。

好了，現在我們已經使用訓練過的模型進行探索，讓我們對 U-Net 從頭開始訓練 50 個世代，看看會得到什麼結果：

```
model.fit(train_dataset, nb_epoch=50, checkpoint_interval=100)
```

和前面一樣，這種訓練是計算密集型且在 GPU 上需要花費幾個小時。在 CPU 系統上訓練此模型是不可行的。模型訓練完成後，嘗試自己運行結果，看看你得到了什麼。能比得上預先訓練過的模型的準確性嗎？

計算分析

細胞計數和區分是相當簡單的視覺任務，因此機器學習模型能夠在這些數據集上表現良好也許並不令人驚訝。可以思考是否所有機器學習模型都能做到。

事實證明答案是否定的！機器學習模型能夠獲取數據集中的細微信號。例如，一項研究顯示深度學習模型能夠預測原始圖像中螢光標記的輸出[3]，值得思考這個結果有多麼令人驚訝。正如 "準備顯微鏡生物樣本" 一節所述，螢光染色可能是一個相當複雜的過程。令人驚訝的是深度學習也許能夠減少一些必要的準備工作。

這是一個令人興奮的結果，但值得注意的是，它仍然是一個初期的結果。必須做大量的工作來 "強化" 這些技術，以便更廣泛的應用它們。

結論

這一章討論顯微鏡學的基礎知識以及顯微鏡系統的一些基本機器學習方法。我們對現代顯微鏡的一些基本問題（特別是應用於生物學問題）作了廣泛的介紹，並討論深度學習已經產生影響的地方以及暗示了它未來可能產生更大影響的地方。

---

3 Christensen, Eric. "In Silico Labeling: Predicting Fluorescent Labels in Unlabeled Images." *https://github.com/google/in-silico-labeling*.

我們還討論一些物理學和生物學顯微鏡，並試圖說明為什麼這些資訊可能對有興趣建立有效管道處理顯微鏡圖像和模型的開發者也是如此。對繞射極限等物理原理的了解能使你理解為什麼使用不同的顯微技術，以及深度學習如何證明對該領域的未來至關重要。了解生物樣品製備技術有助於你了解在設計實際顯微鏡系統時重要的元數據和標記類型。

雖然我們對深度學習技術在顯微鏡中的潛在應用感到非常興奮，但重要的是我們要強調這些方法有許多警告。首先，一些最近的研究強調了視覺卷積模型的脆弱性[4]。簡單的人為產物可能會影響這些模型並導致嚴重問題，舉例來說，停車標誌的圖像可能會被模型分類為交通信號的綠燈，這對於自動駕駛汽車來說無疑是一場災難！

有鑑於此，值得思考深度顯微鏡模型的潛在缺陷是什麼。深度顯微鏡模型是否可能只是從記憶的先前數據點回填？即使這不是對其表現的完整解釋，但這種深度模型的部分功能可能來自記憶數據，這很可能導致偽相關的估算。因此，對微觀數據集進行科學分析時，停下來並質疑結果是由於模型人為產物還是真正的生物現象至關重要。我們將介紹一些工具，以便在後續章節中批判性的探測模型，使你可以更好的確定模型實際學到的內容。

下一章探討深度學習在醫學中的應用，我們將重複使用本章所涵蓋的視覺深度學習技術。

4　Rosenfeld, Amir, Richard Zemel, and John K. Tsotsos. "The Elephant in the Room." *https://arxiv.org/abs/1808.03305*. 2018.

## 第八章

藥物開發的深度學習

如前一章中所述,從視覺化數據集擷取有意義資訊的能力對於分析顯微鏡圖像非常有用,這種處理視覺數據的能力對醫療應用同樣有用。許多現代醫學要求醫生分析醫學掃描,深度學習工具可能使這種分析更容易、更快(但可能解釋性較差)。

讓我們更深入了解。首先簡要介紹早期的醫學計算技術,我們將討論這些方法的一些局限性,然後我們將開始運用目前的一套深度學習驅動的醫學技術,我們將解釋這些新技術如何讓我們繞過舊技術的一些基本限制。最後討論深度學習應用於醫學的一些道德考慮因素。

計算機輔助診斷

自該領域問世以來,設計計算機輔助診斷系統一直是人工智能研究的重點。最早的嘗試[1]使用了手工策劃的知識基礎,這些系統要求專家醫生寫下因果推理規則(例如圖 8-1)。

透過確定性因素對不確定性處理提供基本支援。

---

[1]　更多資訊見 Dendral（*https://en.wikipedia.org/wiki/Dendral*）或 Mycin（*https://en.wikipedia.org/wiki/Mycin*）。

IF
1) The stain of the organism in grampos, and (01)
2) The morphology of the organism is COCCUS, and (02)
3) The growth confirmation of the organisms chains (03)

THEN
**There is suggestive evidence (0.7) that the identity
of the organism is streptococus.** (h1)

圖 8-1　MYCIN 是用於診斷細菌感染的早期專家系統。此為 MYCIN 推理規則的範例（來源：*http://www.computing.surrey.ac.uk/ai/PROFILE/mycin.html#Certainity%20Factors*）。

邏輯引擎會組合這些規則，有許多推理技術設計可以有效的結合大型規則資料庫。這種系統傳統上被稱為"專家系統"。

專家系統怎麼了？

雖然專家系統取得了一些顯著的成功，但這些系統的建置需要付出相當大的投入。規則必須由專家精心徵集，並由訓練有素的"知識工程師"策劃。雖然一些專家系統在有限的領域取得了顯著的成果，但總的來說它們太脆弱而無法廣泛使用。也就是說，專家系統對計算機科學的大部分產生了強烈的影響，現代技術的主機（SQL、XML、貝葉斯網絡等）從專家系統技術中汲取靈感。

如果你是開發者，最好停下來思考這一點。雖然專家系統曾經是一項令人眩目的熱門技術，但它們目前主要是作為一種古跡存在。今天的大多數熱門技術很可能終有一天會收藏在計算機科學歷史中，這是計算機科學的一個 feature 而不是 bug。該領域迅速重塑自身，因此我們可以相信當今技術的替代品將勾勒出當今工具所不具備的一些典範。但與專家系統一樣，我們可以放心知道現在的演算法基礎將繼續存在於明天的工具中。

醫學專家系統已經運行的很好，其中一些已廣泛部署並在國際上採用[2]。但這些系統在醫生和護士日常工作中沒什麼吸引力，一個問題是它們非常麻煩且難以使用，醫學專家系

2　Asabere, Nana Yaw. "mMes: A Mobile Medical Expert System for Health Institutions in Ghana." *International Journal of Science and Technology* no.6. (June 2012). *https://pdfs.semanticscholar.org/ed35/ec162c5916f317162e11e390440bdb1b55b2.pdf.*

統還要求用戶要以高度結構化的格式傳遞患者資訊。鑑於當時的電腦幾乎沒有滲透到一般診所，因此需要對醫生和護士進行高度專業化的訓練。

貝葉斯網路可能性診斷

專家系統工具的另一個主要問題是它們只能提供可能性預測，這些可能性預測並沒有給不確定性留下太多空間。如果醫生遇到診斷不明確的患者怎麼辦？曾經有一段時間看起來可以修改專家系統以解決不確定性。

這一見解引發了貝葉斯臨床診斷網路的大量研究工作（本書的作者之一花了一年的時間研究這種系統作為）。然而，這些系統受到許多與專家系統相同的限制。還是需要向醫生徵求結構知識，貝葉斯臨床網路的設計者面臨著向醫生徵求機率的額外挑戰。這個採用過程增加了大量成本。

此外，訓練貝葉斯網路可能很複雜。不同類型的網路需要不同的演算法，這與梯度下降技術幾乎適用於所有網路的深度學習演算法不同。學習的穩健性往往是廣泛採用的原因，這一見解引發了以貝葉斯網路做臨床診斷的大量研究工作（貝葉斯網路範例見圖8-2）。

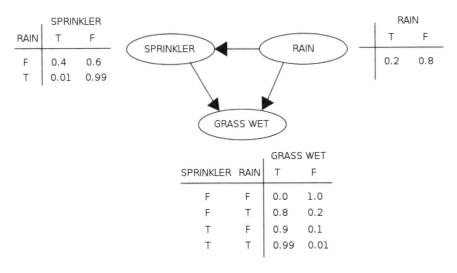

圖 8-2　貝葉斯網路的範例，用於推斷草在特定位置是否潮濕（來源：*https://commons.wikimedia.org/wiki/File:SimpleBayesNet.svg*）。

便利性推動採用

專家系統和貝葉斯網路都未能獲得廣泛採用，部分失敗的原因是這兩個系統都有非常可怕的開發者體驗。從開發者的角度來看，設計貝葉斯網路或專家系統需要不斷的讓醫生進入開發循環。此外，該系統的有效性主要取決於開發團隊從醫生那裡獲取有價值的見解的能力。

這與深層網路形成鮮明對比。特定的數據類型（圖像、分子、文件等）和學習任務有一組標準指標，開發人員只需遵循最佳統計（如本書或其他書所述）建構功能系統，對專家知識的依賴性大大降低。這種簡單性的增加無疑是深度網路獲得更廣泛採用的部分原因。

電子健康記錄

傳統上，醫院為患者保留紙本記錄。它記錄患者的檢驗、藥物、其他治療方法，使醫生能夠快速瀏覽以追蹤患者的健康狀況。不幸的是，紙本健康記錄有很多缺點。在醫院之間轉移記錄需要大量工作且檢索紙本健康記錄數據並不容易。

出於這個原因，在過去幾十年中，許多國家都在大力推動從紙本記錄轉向電子健康記錄（EHR）。在美國，"平價醫療法案"極大推動它們的採用，現在大多數美國主要醫療服務機構都將患者記錄存儲在 EHR 系統中。

EHR 系統的廣泛採用刺激了與 EHR 數據一起使用的機器學習系統的研究熱潮，這些系統使用大型患者記錄數據集來訓練能夠預測患者結果或風險等模型。在許多方面，這些 EHR 模型是前述專家系統和貝葉斯網路的接班人。與這些初期系統一樣，EHR 模型試圖幫助診斷過程。然而，雖然初期的系統試圖幫助醫生進行診斷，但這些較新的系統滿足於在後端工作（大部分）。

許多專案試圖從 EHR 數據中學習模型。雖然取得了一些顯著的成功，但對於從業人員來說學習 EHR 數據仍然具有挑戰性。由於隱私問題，可用的大型公共 EHR 數據集並不多，因此目前為止只有一小部分精英研究人員能夠設計這些系統。此外，EHR 數據往往非常混亂。由於醫生和護士手動輸入資訊，大多數 EHR 數據都因缺少欄位和各種不同的慣例而受到影響。建立處理缺失數據的模型已證明具有挑戰性。

ICD-10 代碼

ICD-10 是一套針對患者疾病和症狀的"代碼"。近年來,這些標準規範得到了廣泛採用,因為它們能讓保險公司和政府機構為疾病制定標準治療方法和治療價格。

ICD-10 代碼"量化"人類疾病的高維連續空間(使其離散)。透過標準化,它們能讓醫生對患者進行比較和分組。值得注意的是,由於這個原因,這些代碼很可能與 EHR 系統和模型的開發人員相關。如果你正在為新的 EHR 系統設計資料倉儲,要考慮代碼的處理!

快速健康照護互通資源(*FHIR*)

快速健康照護互通資源(FHIR)以標準和靈活的格式表示臨床數據[3],Google 最近展示了如何將原始 EHR 數據自動轉換為 FHIR 格式[4],這種格式可以開發應用於任意 EHR 數據的標準深度體系結構,這意味著標準開源工具能以即插即用的方式使用這些數據。這項工作仍處於早期階段,但它代表了該領域令人興奮的進展。雖然標準化可能乍看有點無聊,但它是未來發展的基礎,因為它意味著可以高效的處理更大的數據集。

但是這種狀況正在開始改變。包括前置處理和學習等改進後的工具已經開始在 EHR 系統上實現有效的學習。DeepPatient 系統在患者病歷上訓練一個去噪自動編碼程序以建立患者表示,然後用於預測患者的結果[5]。在該系統中,患者的記錄從一組無序的文字資訊轉換為向量。這種將不同數據類型轉換為向量的策略在整個深度學習中已經取得了廣泛的成功,似乎也有望在 EHR 系統中提供有意義的改進。許多基於 EHR 系統的模型已經在文獻中出現,其中許多模型開始包含最新的深度學習工具,例如遞迴網路或強化學習。雖然擁有這些最新技術的模型還有努力空間,但它們指出了未來幾年該領域的可能性。

3　Mandel, JC, et al. "SMART on FHIR: A Standards-Based, Interoperable Apps Platform for Electronic Health Records." *https://doi.org/10.1093/jamia/ocv189*. 2016.

4　Rajkomar, Alvin et al. "Scalable and Accurate Deep Learning with Electronic Health Records." *NPJ Digital Medicine. https://arxiv.org/pdf/1801.07860.pdf*. 2018.

5　Miotto, Riccardo, Li Li, Brian A. Kidd and Joel T. Dudley. "Deep Patient: An Unsupervised Representation to Predict the Future of Patients from the Electronic Health Records." *https://doi.org/10.1038/srep26094*. 2016.

無監督式學習呢？

本書主要使用監督式學習方法，但還有一類不使用相同訓練資料的"無監督式"學習方法。我們還沒有介紹無監督式學習的概念，但基本上是資料點沒有標籤，例如有 EHR 記錄但沒有病患結果資料。怎麼辦？

最簡單的答案是我們可以對記錄進行聚類（cluster）。假設有一對"雙胞胎"患者的 EHR 記錄相同，預測這兩名患者的結果相似應該是合理的。k-means 或自動編碼器之類的無監督學習技術實現了這種基本直覺的更複雜的形式，第 9 章中會討論一個複雜的無監督演算法例子。

無監督技術可以產生一些引人注目的見解，但這些方法時好時壞。雖然有一些引人注目的案例，例如 DeepPatient，但總的來說無監督的方法仍然很麻煩，以致於它們尚未被廣泛採用。但若你是一名研究人員，那麼研究穩定無監督學習的方法仍然是一個引人注目（且具有挑戰性）的開放性問題。

大型病患 EHR 資料庫的危險？

許多大型機構正在將所有患者納入 EHR 系統。這些大型數據集標準化（可能使用 FHIR 之類的格式）並且可以交互操作時會發生什麼？從積極的方面來說，有可能支援尋找具有特定疾病表型的患者的應用等。這種搜索功能可以幫助醫生更有效的為患者找到治療方法，特別是對於患有罕見疾病的患者。

然而，大型患者資料庫有被惡意使用的可能。例如，保險公司可以使用患者預測系統預先拒絕向高風險患者提供保險，或尋求維持成功率的外科醫生可以拒絕對系統標記為高風險的患者開刀。我們如何防範這些危險？

機器學習系統提出的許多問題都無法透過機器學習的工具來解決。相反的，這些問題的答案很可能取決於禁止醫生、保險公司和其他人採取掠奪性行為的立法。

EHR 真的對醫生有幫助嗎？

雖然 EHR 顯然有助於學習演算法的設計，但是沒有令人信服的證據表明 EHR 實際上改善了醫生的生活。部分挑戰是今天的 EHR 需要醫生進行大量的手動數據輸入。對於患者而言，這創造了一種新的動態，醫生大部分時間在查看電腦而不是患者。

這種狀況使患者和醫生都感到不快[6]。醫生感到筋疲力盡，因為他們大部分時間都在做文書數據輸入而不是診治，患者感到被忽視。下一代深度學習系統希望可以改善這種不平衡。

但要注意下一代深度學習工具確實還有可能對醫生同樣不友好且無益，EHR 系統的設計者也不打算製造不友好的系統。

深度放射學

放射學是使用醫學掃描來診斷疾病的科學。醫生使用各種不同的掃描，例如 MRI 掃描、超音波、X 光、CT 掃描等。掃描的挑戰在於從給定的掃描圖像診斷患者的狀態，這看起來像是一種非常適合卷積學習方法的挑戰。如前述，深度學習方法能夠從圖像數據中學習複雜的功能。許多現代放射學（至少是機械部件）包括分類和處理複雜的醫學圖像數據，掃描的使用在醫學上有著悠久而傳奇的歷史（早期 X 射線的例子見圖 8-4）。

這一節介紹一些不同類型的掃描與一些深度學習應用程序，其中許多應用程序在性質上相似。它們先從醫療機構獲得足夠大的掃描數據集，這些掃描用於訓練卷積體系結構（見圖 8-3）。通常，該體系結構是標準的 VGG 或 ResNet 體系結構，但有時會對核心結構進行一些調整。經常訓練的模型（至少根據可能的統計數據）在所討論的任務中具有很好的表現。

---

6 Gawande, Atul. "Why Doctors Hate Their Computers." *The New Yorker. https://www.newyorker.com/magazine/2018/11/12/why-doctors-hate-their-computers*. 2018.

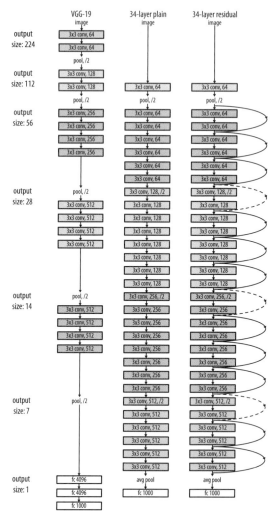

圖 8-3　一些標準卷積架構（VGG-19、Resnet-34 的數字表示套用卷積數）。這些架構是圖像任務的標準並常用於醫療應用。

這些進步導致了一些可能誇大的預期。一些備受矚目的人工智能科學家（最著名的是 Geoff Hinton）已經評論放射學的深入學習將會進展到目前為止，在不久的將來不再值得訓練新的放射科醫師[7]。這是真的嗎？最近有一系列進展，其中深度學習系統已經實現了近乎人類的表現，但這些結果伴隨著許多警告，這些系統通常在未知的狀況下是脆弱的。

7　"AI, Radiology and the Future of Work." *The Economist. https://econ.st/2HrRDuz*. 2018.

我們認為直接替代醫生的風險仍然很低，但存在系統性流失的真正風險。這是什麼意思？新創公司正在努力發明新的商業模式，以深度學習系統進行大部分掃描分析，此時只需要少數醫生。

深度學習真的在學習醫術嗎？

重要的分析已經開始仔細研究深層模型在醫學圖像中實際學到了什麼。不幸的是，在許多情況下，看起來深層模型在圖像中挑出非醫學因素。例如，模型可能學習識別進行特定醫學掃描的掃描中心。由於特定的中心通常用於更嚴重或不太嚴重的患者，該模型乍看之下似乎已經成功的學習了有用的藥物，但實際上通常是無用的。

在這種情況下可以做些什麼？專家仍在討論這個問題，但是出現了一些早期方法。首先是使用不斷增長的關於模型可解釋性的文獻仔細檢查模型的學習內容。第 10 章將深入研究一些模型可解釋性的方法。

另一種方法是進行在臨床中部署模型的前瞻性試驗。前瞻性試驗仍然是測試前述醫療干預措施的黃金標準，深度學習技術可能也是如此。

X 光掃描與 CT 掃描

X 光掃描 —— 精確的說是放射學 —— 使用 X 光檢視體內結構（圖 8-4），電腦斷層（CT）掃描以 X 光源與檢測裝置環繞成像目標產生 3D 圖像。

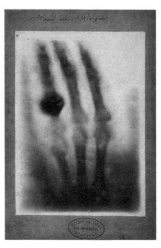

圖 8-4　Wilhelm Röntgen 的妻子 Anna Bertha Ludwig 拍攝的第一張醫用 X 射線照片。自第一張照片以來，X 射線科學已經走過了漫長的道路，深度學習有可能讓它更進一步！

一種常見的誤解是 X 射線掃描僅能夠對骨骼等 "硬" 物體進行成像。事實證明這是非常錯誤的。CT 掃描通常用於對人體組織（如大腦）進行成像（圖 8-5），反向散射 X 射線通常用於機場安全檢查點對旅客進行成像，乳房 X 光檢查使用低能 X 射線掃描乳房組織。

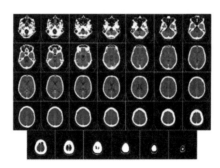

圖 8-5　從底部到頂部的人腦 CT 掃描，注意 CT 掃描提供 3D 資訊的能力（來源：*https://commons. wikimedia.org/wiki/File:Computed_tomography_of_human_brain_-_large.png*）。

值得注意的是，已知所有 X 射線掃描都與癌症有關，因此共同的目標是透過限制所需的掃描次數將患者對輻射的暴露最小化。這種風險對於 CT 掃描更為明顯，CT 掃描必須使患者暴露更長的時間以收集足夠的數據，已經設計了各式各樣的信號處理演算法以減少 CT 所需的掃描次數。最近一些研究工作已經開始使用深度學習來進一步調整這個重建過程，因此需要更少的掃描。

但大多數深度學習都用於對掃描進行分類。例如，卷積網路已用於從 CT 腦圖像中分類 Alzheimer 進展[8]，其他研究工作聲稱能夠以接近醫生水平的準確度診斷胸部 X 線掃描中的肺炎[9]，深度學習同樣用於在乳房 X 線照相術中實現強大的分類準確性[10]。

8　Gao, Xiaohong W., Rui Hui, and Zengmin Tian. "Classification of CT Brain Images Based on Deep Learning Networks." *https://doi.org/10.1016/j.cmpb.2016.10.007.* 2017.

9　Pranav Rajpurkar et al. "CheXNet: Radiologist-Level Pneumonia Detection on Chest X-Rays with Deep Learning." *https://arxiv.org/pdf/1711.05225.pdf.* 2017.

10　Ribli, Dezso et al. "Detecting and Classifying Lesions in Mammograms with Deep Learning." *https://doi. org/10.1038/s41598-018-22437-z.* 2018.

人的準確性！

一篇論文聲稱其系統達到近乎人類的準確性時，值得思考這意味著什麼。論文的作者通常選擇一些指標（例如，ROC AUC），由一組外部醫生對所選擇的研究測試集標注，然後將該測試集上的模型的準確性與"普通"醫生的準確度進行比較（通常是醫師評分的平均值或中值）。

這是一個相當複雜的程序，這種比較有可能會出現各種錯誤。首先，指標的選擇可以發揮影響——這是常見的，不同的指標選擇會導致差異。良好的分析將考慮多個不同的指標，以確保結論對這種差異是平穩的。

另一點需要注意的是，醫生之間存在相當大的差異。要確定所選擇的"平均值"是平穩的。更好的指標可能是檢查演算法是否能夠擊敗樣本中的"最佳"醫生。

第三個問題是確保測試裝置沒有被"污染"是非常棘手的（見第 7 章的警告），同一患者的掃描意外的出現在訓練和測試集中可能會發生微妙的污染。如果模型具有非常高的精度，則值得對這種污染進行雙重和三重檢查。所有人都曾犯過這些管道上的錯誤。

最後，"人的準確性"通常並不意味著什麼。如前述，一些專家系統和貝葉斯網路在有限的任務上達到了人類水平的準確性，但未能對醫學產生廣泛的影響，原因是醫生執行一系列交纏的任務。某個醫生在掃描讀數上可能表現不佳，但可能搭配其他資訊而提供更好的診斷。要記住這些任務通常是合成的，可能與最佳醫生實踐不相符。為了更準確的評估這些技術的有效性，需要使用深度學習系統的前瞻性臨床試驗與患者共同進行。

組織學

組織學是對組織的研究，通常透過顯微鏡掃描觀察。我們不會深入談論它，因為深度組織學系統的設計者面臨的問題是深度顯微鏡面臨的問題的一部分，回顧一下前面內容以了解更多資訊。我們只會簡單的指出深度學習模型在組織學研究中取得了很好的表現。

MRI 掃描

磁共振成像（MRI）是醫生常用的另一種掃描形式，它使用強磁場而非 X 光進行成像。因此，MRI 掃描的一個優點是有限的輻射暴露。然而，這些掃描通常需要患者躺在嘈雜且狹窄的 MRI 機器內，這種體驗對於患者來說可能比 X 光掃描更令人不愉快。

如同 CT，MRI 能夠組合 3D 圖像。與 CT 掃描一樣，一些深度學習研究試圖簡化這一重建過程。一些早期研究聲稱深度學習技術可以改進傳統的信號處理方法，以減少掃描重建 MRI 圖像時間。此外，與其他掃描技術一樣，許多研究都試圖使用深度網路對 MRI 圖像進行分類、區分、處理並取得一些成功。

信號處理的深度學習？

對於 CT 掃描和 MRI 掃描，前面已經提到深度網路用於更有效的重建圖像，這兩個應用都是在信號處理中使用深度學習的例子。我們已經看到了一些這樣的事情；超解析度顯微鏡的深度學習方法也屬於這個一般框架。

這種改進信號處理技術的工作非常令人興奮，因為信號處理是一個高度數學化的發展領域。深度學習在這裡提供新方向的本身就是開創性的！然而值得注意的是傳統的信號處理演算法通常提供非常強大的基線。因此，與圖像分類不同，深度方法尚未在該領域提供突破性的準確性提升。然而，這是一個持續和積極研究的領域。由於這些技術的應用範圍非常廣泛，深度信號處理的工作最終比簡單的圖像處理更具影響力這一點不足為奇。

值得注意的是醫生還使用其他類型的掃描。鑑於由強大的開源工具提供支持的深度學習應用程序的爆炸式增長，每種掃描類型有一或多項研究嘗試使用深度學習來完成任務。舉例來說，深度學習已應用於超音波、心電圖（ECG）掃描、皮膚癌檢測等。

卷積網路是一種非常強大的工具，因為大量的人類活動圍繞著處理複雜的視覺信息。此外，開源框架的發展意味著全球的研究人員已經加入了在新型圖像中應用深度學習技術的競賽。在許多方面，這種類型的研究相對簡單（至少在計算方面），因為標準工具可以毫不費力的應用。如果你在公司工作期間閱讀本文，那麼這些深度學習的屬性可能會使你這個從業者感興趣。

學習模型治療

前面已經看到學習模型可以成為醫生的有效助手，有助於診斷過程和檢查掃描。但有一些令人興奮的證據表明學習模型可以從助手向醫生轉變。

可能嗎？深度學習的最大能力之一是做出有史以來首次依靠感知數據操作的實用軟體。出於這個原因，機器學習系統可能成為患者的"眼睛"和"耳朵"。視覺系統可以幫助視力障礙患者更好的移動，音頻處理系統可以幫助有聽力障礙的患者更好的移動。這些系統面臨許多其他深度模型所沒有的挑戰，因為它們必須即時運行。前述的所有模型都是批次處理系統，適合在後端伺服器上部署而不適合在實時嵌入式設備上部署。實用的機器學習存在許多挑戰，我們不會在這裡進行討論，但我們鼓勵有興趣的讀者更深入的研究這個主題。

我們還注意到有一類獨立的軟體驅動療法，利用現代軟體對人類大腦的強大影響。最近的一項研究顯示 Facebook、Google、微信等現代軟體應用程序很容易上癮，這些應用程序採用鮮豔的色彩設計，使出賭場讓人沉迷的相同伎倆，人們越來越認識到數位成癮是許多患者面臨的真正問題 [11]。這超出本書範圍，但我們注意到有證據顯示現代軟體的這種力量也可以利用。一些軟體應用程序已經利用現代心理效應治療憂鬱或其他疾病。

糖尿病視網膜病變

前面已經從理論意義上討論了深度學習在醫學中的應用。這一節會動手進行一個實際的例子，建立一個模型來幫助診斷糖尿病視網膜病變患者的進展。

糖尿病視網膜病變是糖尿病損害眼睛健康的病症。這是失明的主要原因，特別是在發展中國家。眼底是眼睛的內部區域，與水晶體相對。診斷糖尿病視網膜病變的常用策略是讓醫生檢視患者眼底的圖像並手動標記，"眼底攝影"已經開展了大量研究工作，開發出擷取患者眼底圖像的技術（見圖 8-6）。

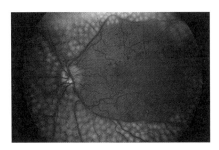

圖 8-6　糖尿病視網膜病變的散射激光手術治療的患者的眼底圖像（來源：*https://commons.wikimedia.org/wiki/File:Fundus_photo_showing_scatter_laser_surgery_for_diabetic_retinopathy_EDA09.JPG*）。

糖尿病視網膜病變的學習挑戰是設計一種演算法，以根據患者眼底的圖像對患者的疾病進展進行分類，目前做出這樣的預測需要熟練的醫生或技術人員。希望機器學習系統可

11　更多資訊見維基的 Digital Addict 條目（*https://en.wikipedia.org/wiki/Digital_addict*）。

以準確的預測患者眼底圖像的疾病進展，這可以為患者提供一種在諮詢更昂貴的專家醫生前，自行了解其風險的廉價方法。

此外，與 EHR 數據不同，眼底圖像不包含有關患者的隱私資訊，這使得收集大型眼底圖像數據集變得更加容易。出於這些原因，對糖尿病視網膜病變數據集進行了大量的機器學習研究和挑戰。特別是，Kaggle 贊助了一項競賽（*https://www.kaggle.com/c/diabetic-retinopathy-detection*），旨在建立糖尿病視網膜病變模型並收集高解析度眼底圖像數據集。接下來將學習如何使用 DeepChem 在 Kaggle 糖尿病視網膜病變（DR）數據集上建立糖尿病視網膜病變分類程序。

取得 *Kaggle* 糖尿病視網膜病變資料集

Kaggle 挑戰的條款禁止我們直接在 DeepChem 伺服器上鏡像複製數據，因此需要從 Kaggle 的網站手動下載數據。你必須在 Kaggle 註冊一個帳戶並透過他們的 API 下載數據集。完整數據集非常大（80 GB），若無法完整下載，可以選擇下載數據的子集。

下載此數據集的詳細資訊見本書的 GitHub 程式庫（*https://github.com/deepchem/DeepLearningLifeSciences*），我們的圖像載入函式要求訓練數據以特定的目錄結構存放。有關此目錄格式的詳細資訊見 GitHub 程式庫。

處理此數據的第一步是前置處理和載入原始數據。裁剪每個圖像以聚焦在包含視網膜中心的方塊上，然後調整這個中心方塊的大小為 512 乘 512。

處理高解析度圖像

醫學和科學領域的許多圖像數據集都具有非常高的解析度。雖然直接在這些高解析度圖像上訓練深度學習模型可能很誘人，但這通常對機器有挑戰性。一個問題是大多數現代 GPU 的記憶體有限，這意味著在標準硬體上訓練非常高解析度的模型可能是不可行的。此外，大多數圖像處理系統（目前）期望它們的輸入圖像具有固定的形狀。這意味著必須裁剪來自不同相機的高解析度圖像以適合標準形狀。

幸好裁剪和調整圖像大小通常不會對機器學習系統的性能造成嚴重損害，從每個原始圖像自動生成擾動圖像以進行更徹底的數據增強也很常見，我們在此例中進行了一些標準的數據增強。我們鼓勵讀者深入了解擴充程式碼，因為它可能對你自己的專案很有用。

核心數據儲存在磁碟的一組目錄中，我們使用 DeepChem 的 `ImageLoader` 從磁碟載入這些圖像。有興趣的讀者可以詳細查看這個載入和前置處理程式碼，但我們已將其包裝到一個工具函式中。在 MoleculeNet 風格的載入程序中，此功能還可以進行隨機的訓練、驗證、測試集拆分：

```
train, valid, test = load_images_DR(split='random', seed=123)
```

取得學習任務的資料後，我們來建立從這個資料學習的卷積架構。此架構相當標準且與前面看過的差不多，所以就不重複說明。下面是底層卷積網路的物件包裝程序的呼叫：

```
# 定義與建構模型
model = DRModel(
    n_init_kernel=32,
    batch_size=32,
    learning_rate=1e-5,
    augment=True,
    model_dir='./test_model')
```

此程式定義了 DeepChem 中的糖尿病視網膜病變卷積網絡。正如我們稍後將看到的，訓練此模型需要一些繁重的計算。因此，建議您從 DeepChem 網站下載訓練過的模型，並將其用於初期探索。我們已經在完整的 Kaggle 糖尿病視網膜病變數據集上訓練了這個模型，並儲存它們的權重以方便你使用。你可以使用以下命令下載和儲存模型（注意第一個命令應該是同一行）：

```
wget https://s3-us-west-1.amazonaws.com/deepchem.io/featurized_datasets
  /DR_model.tar.gz
mv DR_model.tar.gz test_model/
cd test_model
tar -zxvf DR_model.tar.gz
cd ..
```

然後如下儲存訓練過的模型權重：

```
model.build()
model.restore(checkpoint="./test_model/model-84384")
```

這會復原模型的特定 "檢查點"，有關復原過程的更多詳細資訊以及實現它的完整腳本見本書程式庫。透過訓練過的模型，我們可以計算出一些基本統計數據：

```
metrics = [
    dc.metrics.Metric(DRAccuracy, mode='classification'),
    dc.metrics.Metric(QuadWeightedKappa, mode='classification')
]
```

有許多指標可用於評估糖尿病視網膜病變模型。此處使用只有模型準確性（標籤正確的百分比）的 DRAccuracy，以及用於衡量兩個分類程序之間的一致性的 Cohen 的 Kappa。這有用是因為糖尿病視網膜病變學習任務是多類別學習問題。

讓我們在測試集上評估訓練過的模型：

```
model.evaluate(test, metrics)
```

它產生下列輸出：

```
computed_metrics: [0.9339595787076572]
computed_metrics: [0.8494075470551462]
```

基本模型在我們的測試集上有 93.4％ 的準確性。還不錯！（注意這與 Kaggle 測試集不同——我們只是將 Kaggle 的訓練集劃分為訓練 / 檢驗 / 測試集，你可以提交訓練模型給 Kaggle 以使用它們的測試集評估）。如果你有興趣從頭開始訓練整個模型呢？在 GPU 系統上大約需要一兩天，但很容易：

```
for i in range(10):
    model.fit(train, nb_epoch=10)
    model.evaluate(train, metrics)
    model.evaluate(valid, metrics)
    model.evaluate(valid, cm)
    model.evaluate(test, metrics)
    model.evaluate(test, cm)
```

我們訓練模型 100 個世代，定期暫停以輸出模型的結果。如果要執行此作業，建議確保機器不會在作業中途停機或進入休眠狀態。沒有什麼比螢幕休眠而漏掉大量工作更令人惱火了！

結論

在許多方面，機器學習在醫學中的應用可能比我們迄今為止看到的許多其他應用產生更大的影響。這些應用程序可能改變了你的工作，而機器學習醫療保健系統將很快改變你與其他人的個人醫療保健體驗。這值得一些道德影響的思考。

倫理考量

在可預見的未來，這些系統的訓練數據可能會產生偏差。訓練數據很可能來自發達經濟體的醫療系統，因此模型對目前缺乏健全醫療系統的地區可能會不太準確。

此外，收集患者數據本身充滿了可能的道德問題。醫學在未經同意的情況下進行實驗的歷史悠久，特別是來自邊緣化群體的人。以 Henrietta Lacks（*http://rebeccaskloot.com/the-immortal-life/*）為例，她是一位 1950 年代巴爾的摩的非裔美國人癌症患者。從 Lacks 女士的腫瘤的組織樣本（"HeLa"）中培養的細胞系成為標準的生物學工具並被用於數千篇研究論文中——但這項研究的收益都沒有交付她的家庭。Lacks 女士的醫生沒有告知樣本一事，也未獲得同意。直到 1970 年代採集額外樣本的醫學研究人員聯繫他們時，她的家人才知道 HeLa 細胞系。

在深度學習時代，這種情況會怎麼重演呢？患者的醫療記錄可能在未經患者或其家人同意下用於訓練學習系統，或者誘導患者或家人在病床邊簽署授權以期在最後一刻治愈。

這些場景令人不安。我們當中沒有人願意了解到我們心愛的家庭成員的權利受到了機構醫學或追求利潤的公司的侵犯。我們如何防止這些不道德行為的發生？如果你參與數據收集工作，請停下來詢問數據的來源。是否所有相關法律都得到了適當的尊重？如果你是公司或研究機構的科學家或開發人員，你可以在組織內部發揮作用。如果你採取立場，你將影響組織中的其他人與你站在一起。如果組織拒絕傾聽，你具備的技能可以讓你找到符合高道德標準的組織的工作。

失業

本書其他章節中討論的大多數領域都是相對較小的科學學科。因此，實際上不太可能存在導致失業的重大進展。相反的，可以預期這些領域的就業增長，因為這些相對較小的領域將突然變得有更多的開發者和科學家群體加入。

醫療保健和醫學不同。醫療保健是全球最大的產業之一，擁有數百萬醫生、護士、技術人員以及更多滿足全球人口需求的醫療保健。當這個勞動力的重要部分面臨深度學習工具時會發生什麼事？

很多藥都是給人用的。是否有一個值得信賴、為病患尋求最大利益的初級保健提供者對病患有很大的影響。繁重工作的自動化很可能可以改善護理經驗。

美國 2010 年的醫療改革（Affordable Care 法案）加速了整個美國醫療系統中 EHR 系統的使用。許多醫生報告說這些 EHR 系統非常不友善，需要許多不必要的行政動作。一部分原因僅僅在於軟體設計不佳，監管機制的惡化導致醫療機構難以轉向更好的替代方案。但有些是由於軟體的局限性，使用深度學習系統以實現更好的資訊處理可以減輕醫生的負擔，使他們能夠花更多的時間與患者在一起。

此外，世界上大多數國家的醫療保健系統與美國和歐洲的保健系統不相同。開源工具和可存取的數據集的日益普及，將為世界其他地方的政府和企業家提供服務所需的工具。

結論

這一章討論將機器學習方法應用於醫學問題的歷史。我們首先說明了專家系統和貝葉斯網路等經典方法，然後轉向更現代的電子健康記錄和醫學掃描工作。最後深入研究一種預測糖尿病視網膜病變患者進展的分類程序，我們還討論醫療保健學習系統所面臨的挑戰。第 10 章回到其中的一些挑戰，並討論深度學習系統的可解讀性。

## 第九章

生成模型

前面看到的所有問題都涉及從投入到產出的某種轉換。你建立一個有輸入與輸出的模型，然後根據數據集的輸入樣本進行訓練來產生最佳輸出。

生成（*generative*）模型不一樣。它們不是將樣本作為輸入，而是將樣本作為輸出。你可以在貓的照片庫中訓練模型，並且它將學會產生看起來像貓的新圖像，或是在一個已知的藥物分子庫上訓練而學會產生新的 "類藥物" 分子作為虛擬篩選的候選者。正式的說法是，生成模型是針對從一些（可能未知、非常複雜的）概率分佈中抽取的樣本集合進行訓練的，它的工作是從相同的概率分佈中產生新的樣本。

這一章先描述兩種最流行的生成模型：**變分自動編碼程序**和**生成對抗網路**。然後討論這些模型在生命科學中的一些應用與程式碼範例。

變分自動編碼程序

自動編碼程序（*autoencoder*）是一種嘗試使其輸出等於其輸入的模型，你可以在樣本庫上對其進行訓練並調整模型參數，使每個樣本的輸出盡可能接近輸入。

這聽起來微不足道。難道它只是學會直接將輸入變成輸出嗎？如果實際可行則確實是微不足道的，但自動編碼程序通常具有使其無法實現的架構。大多數情況下如圖 9-1 所示是強迫數據通過瓶頸來完成的。舉例來說，輸入和輸出可能每個都包含 1,000 個數字，但介於兩者之間的是一個只包含 10 個數字的隱藏層。這會強迫模型學習如何壓縮輸入樣本，它必須使用 10 個數字代表 1,000 個數字的資訊。

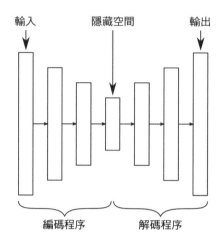

圖 9-1　變分自動編碼程序的結構。

模型不可能處理任意輸入。無法在拋棄 99％的資訊後重建輸入！但我們並不關心任意輸入，只關心訓練集的特定輸入（以及其他類似輸入）。在所有可能的圖像中，遠低於 1％的圖像看起來像貓。自動編碼程序不需要適用於所有可能的輸入，只需要從特定概率分佈中擷取的輸入。它學習該分佈的"結構"，弄清楚如何使用更少的資訊來表示分佈，然後能夠基於壓縮資訊重建樣本。

接下來解析模型。中間層，即作為瓶頸的中間層，被稱為自動編碼程序的**隱藏**（*latent*）**空間**，它是樣本壓縮表示的空間。自動編碼程序的前半部分稱為**編碼程序**，它的工作是採樣並將其轉換為壓縮表示；後半部分稱為**解碼程序**，它將隱藏空間中的壓縮表示轉換回原始樣本。

這為我們提供了關於自動編碼程序如何用於生成模型的第一個線索。解碼程序在隱藏空間中擷取向量並將它們轉換為樣本，因此我們可以在隱藏空間中採用隨機向量（為向量的每個分量選擇一個隨機值），並將它們傳遞給解碼程序。如果一切順利，解碼器應該生成一個全新的樣本，它仍然類似於它所訓練的樣本。

這可行，但表現不是很好，問題是編碼程序可能只在隱藏空間的一個小區域內產生向量。如果我們在隱藏空間中的任何其他地方選擇一個向量，輸出看起來可能與訓練樣本完全不同。換句話說，解碼程序只學習了編碼程序產生的特定隱藏向量，而不是任意向量。

變分自動編碼程序（variational autoencoder，VAE）增加了兩個功能來克服這個問題。首先，它為損失函數添加一個項，強制隱藏向量遵循指定的分佈。大多數情況下，它們被約束為具有平均值為 0 且方差為 1 的高斯分佈。我們不會讓編碼程序自由的在任何地方生成向量，我們強制它生成具有已知分佈的向量。如此若從同一個分佈中選擇隨機向量，我們可以期望解碼程序在它們上表現良好。

其次，在訓練期間，我們將隨機噪音加入隱藏向量中。編碼程序將輸入樣本轉換為隱藏向量，然後在傳遞到解碼程序之前隨機改變一點，要求輸出仍然盡可能接近原始樣本，這可以防止解碼程序對隱藏向量的細節過於敏感。如果我們只稍微改變它，輸出應該只改變一點點。

這些變化可以改善結果。VAE 是常見的生成模型的工具：它們可以在許多問題上產生出色的效果。

生成對抗網路

生成對抗網路（generative adversarial network，GAN）與 VAE 有許多相同之處，它使用相同的精確解碼網路將隱藏向量轉換為樣本（只是 GAN 中稱為**生成程序**而不是解碼程序）。但它以不同的方式訓練網路，它的工作原理是將隨機向量傳遞到生成程序，並直接評估它們遵循預期分佈的輸出程度。實際上，你可以建立一個損失函數來測量生成的樣本與訓練樣本的匹配程度，然後使用該損失函數將模型最佳化。

這聽起來很簡單，直到你意識到它根本不簡單。你能寫一個損失函數來測量圖像與貓的相似程度嗎？不，當然不！你不知道從哪裡開始。因此，GAN 不是要求你自己提出損失函數，而是從數據中學習損失函數。

如圖 9-2 所示，GAN 由兩部分組成。生成程序採用隨機向量並生成合成樣本；第二部分稱為**鑒別程序**（discriminator），試圖將生成的樣本與實際訓練樣本區分開來。它需要一個樣本作為輸入並輸出它正是一個真正的訓練樣本的機率，它等於生成程序的損失函式。

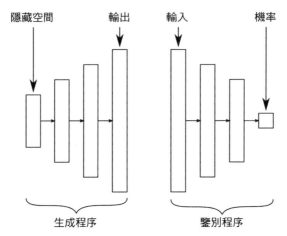

圖 9-2　生成對抗網路的結構。

兩個部分同時訓練。將隨機向量輸入生成程序,並將輸出輸入鑑別程序。調整生成程序的參數以使鑑別程序的輸出盡可能接近 1,同時調整鑑別程序的參數以使其輸出盡可能接近 0。此外,來自訓練集的實際樣本被輸入鑑別程序且調整其參數使輸出接近 1。

這是 "對抗性" 方面,你可以將它視為生成程序和鑑別程序之間的競爭。鑑別程序一直在努力區分真實樣品和假樣品,生成程序試圖愚弄鑑別程序。

如同 VAE,GAN 是一種常見的生成模型,可以在許多問題上產生良好的效果。這兩種模型具有明顯的優點和缺點。可能有人會說 GAN 傾向於生產更高品質的樣品,而 VAE 傾向於生產更高品質的分佈。也就是說,由 GAN 生成的單個樣本將更接近於訓練樣本,而由 VAE 生成的樣本範圍更接近訓練樣本的範圍。但不要太過看重字面意思,這一切都取決於具體的問題和模型的細節。而且已經有這兩種方法的無數變化,甚至有一些模型將 VAE 與 GAN 結合起來,試圖同時獲得兩者的最佳功能。這仍然是一個非常熱門的研究領域,經常冒出新的想法。

生成模型在生命科學上的應用

介紹過深度生成模型的基礎知識,接下來開始討論應用。從廣義上講,生成模型產生一些超強能力。首先,它們具有"創造力",可以根據學習的分佈生成新樣本。這是對創造性過程的有力補充,可以與藥物或蛋白質設計中的現有研究工作相結合。其次,能夠使用生成模型準確的模擬複雜系統,讓科學家理解複雜的生物過程。接下來會更深入的討論這些想法。

提出新的化合物

現代藥物開發工作的一個主要部分是提出新的化合物。這主要是每半年進行一次,專家人類化學家建議對核心結構進行修改。通常是在螢幕上投射分子系列的圖片,讓滿屋子的高級化學家提出對分子的核心結構修改建議。有些建議分子會被真正的合成與測試,重複此過程直到找到合適的分子或被排除。這個過程有強大的優勢,因為它可以利用化學專家的直覺,他們也許能夠看出演算法無法識別的潛在結構缺陷(可能類似於他們以前見過但無法解釋的導致大鼠肝功能衰竭的化合物)。

但與此同時,這個程序非常受人類限制。世界上沒有那麼多才華橫溢、經驗豐富的高級化學家,所以這個過程無法擴展。此外,對於一個歷史上缺乏藥物開發專業知識的國家的製藥部門來說,這是非常具有挑戰性的。分子結構的生成模型可以用於克服這些限制。如果模型在合適的分子表示上訓練,那麼它也許能夠快速建議新的替代化合物。提出人類設計師可能遺漏的新化學方向,這樣的模型可以幫助改善現有的程序。值得注意的是,這樣的設計演算法有很多問題,正如我們將在本章後面稍後看到的那樣。

蛋白質設計

如今,新酶和蛋白質的設計是一項重要的工作。工程設計酶廣泛用於現代製造中(洗衣粉很可能含有一些酶!),但一般來說,新酶的設計已經證明具有挑戰性。一些早期的研究顯示深度模型在從序列預測蛋白質功能方面可以取得一些成功。使用深度生成模型來建議可能具有所需特性的新蛋白質序列不是完全沒有道理的。

為此目的引入生成模型可能比小分子設計更具影響力。與小分子不同,人類專家預測突變對特定蛋白質的影響可能非常棘手。

生成模型能做出更豐富的蛋白質設計,可超越現在的人類專家。

科學發現的工具

生成模型是科學發現的有力工具。例如，一個準確的組織發育過程的生成模型（*https://www.ncbi.nlm.nih.gov/pmc/articles/PMC6119234/*）對於發育生物學家或作為科學基礎工具非常有價值。"合成分析"可以使用生成模型進行快速模擬，在許多環境條件組合中研究組織發育。這個未來還有很長的路要走，因為我們需要能夠在初始條件發生變化時有效運作的生成模型，這需要一些超出現有技術水準的研究。然而，這一願景令人興奮，因為生成模型可以讓生物學家建立極其複雜的發育和生理過程的有效模型，並測試對這些系統如何演變的假設。

生成模型的未來

生成模型具有挑戰性！第一批 GAN 只能生成幾乎無法識別為面部的模糊圖像，最新的 GAN（在撰寫本文時）能夠生成與真實照片或多或少無法區分的面部圖像。這些模型很可能在未來十年生成影片，這些發展將對現代社會產生影響。在上個世紀的大部分時間裡，照片經常被用作犯罪、品管等的"證據"。隨著生成工具的發展，這種證明標準將無法實現，因為任何圖像都可能被"PS 過"。這種發展將對刑事司法乃至國際關係構成重大挑戰。

與此同時，高傳真生成影片的出現可能會引發現代科學的革命。想像一下胚胎發育的高品質生成模型！有可能對 CRISPR 遺傳修飾的影響進行模型設計，或比以往更詳細的了解發育過程。生成模型的改進也會對其他科學領域產生影響，生成模型可能會成為物理學和氣候科學的有力工具，可以對複雜系統進行更強大的模擬。但值得強調的是今天的這些改進仍然存在於未來；必須要做很多基礎科學才能使這些模型成熟有用。

使用生成模型

接下來討論一個程式碼範例。我們將訓練 VAE 以產生新的分子。更具體的說，它將輸出 SMILES 字串。與我們討論的其他一些表示相比，這種表示選擇具有明顯的優點和缺點。一方面，SMILES 字符串非常易於使用。每一個都只是從固定字母表中繪製的一系列字符，這使我們可以使用一個非常簡單的模型來處理它們。另一方面，SMILES 字符串需要遵守複雜的語法。如果模型沒有學習語法的所有微妙之處，那麼它產生的大多數字符串將是無效的且不對應於任何分子。

首先需要一系列 SMILES 字串以供訓練模型。幸運的是 MoleculeNet 為我們提供了很多選擇，此範例使用 MUV 數據集，訓練集包括 74,469 個不同大小和結構的分子。讓我們載入它：

```
import deepchem as dc
tasks, datasets, transformers = dc.molnet.load_muv()
train_dataset, valid_dataset, test_dataset = datasets
train_smiles = train_dataset.ids
```

接下來要定義模型使用的詞彙。有什麼字母（或 "標記"）可以出現在字串中？字串能有多長？我們可以建立出現在任何訓練分子中的每個字元的排序列表：

```
tokens = set()
for s in train_smiles:
  tokens = tokens.union(set(s))
tokens = sorted(list(tokens))
max_length = max(len(s) for s in train_smiles)
```

接下來需要建立一個模型。我們應該為編碼程序和解碼程序使用什麼樣的架構？這是一個持續研究中的領域，已經發表了各種論文，提出了不同的模型。此例使用 DeepChem 的 AspuruGuzikAutoEncoder 類別，它實作特定的模型。它的編碼程序使用卷積網路，解碼器使用遞迴網路，對細節感興趣者可以查閱原始論文（*https://arxiv.org/abs/1610.02415*）。另外要注意學習率使用 ExponentialDecay，該速率最初設定為 0.001，然後在每個世代後減少一點（乘以 0.95）。這有助於問題更順利的處理：

```
from deepchem.models.tensorgraph.optimizers import Adam, ExponentialDecay
from deepchem.models.tensorgraph.models.seqtoseq import AspuruGuzikAutoEncoder
model = AspuruGuzikAutoEncoder(tokens, max_length, model_dir='vae')
batches_per_epoch = len(train_smiles)/model.batch_size
learning_rate = ExponentialDecay(0.001, 0.95, batches_per_epoch)
model.set_optimizer(Adam(learning_rate=learning_rate))
```

接下來準備訓練模型。AspuruGuzikAutoEncoder 不使用輸入 Dataset 的標準 fit() 方法，而是提供自己的 fit_sequences() 方法，它輸入一個生成標記序列（此例為 SMILES 字串）的 Python 生成程序物件。讓我們訓練 50 個世代：

```
def generate_sequences(epochs):
  for i in range(epochs):
    for s in train_smiles:
      yield (s, s)

model.fit_sequences(generate_sequences(50))
```

如果一切順利，模型現在應該能夠產生全新的分子，我們只需要選擇隨機隱藏向量並將它們傳給解碼程序。讓我們建立一批 1,000 個向量，每個向量長度為 196（模型隱藏空間的大小）。

如前述，並非所有輸出實際上都是有效的 SMILES 字符串，事實上只有一小部分有效。幸運的是我們可以輕鬆的使用 RDKit 來檢查並過濾掉無效的：

```
import numpy as np
from rdkit import Chem
predictions = model.predict_from_embeddings(np.random.normal(size=(1000,196)))
molecules = []
for p in predictions:
  smiles = ''.join(p)
  if Chem.MolFromSmiles(smiles) is not None:
    molecules.append(smiles)
for m in molecules:
  print(m)
```

分析生成模型的輸出

除了輸出無效的問題之外，許多與輸出 SMILES 字串相對應的分子可能不是藥物分子。因此，我們需要制定戰略，使我們能夠快速識別非藥物分子。透過實際例子能解釋這些策略，假設以下是來自生成模型的 SMILES 字串：

```
smiles_list = ['CCCCCCNNNCCOCC',
'O=C(O)C(=O)ON/C=N/CO',
'C/C=N/COCCNSCNCCNN',
'CCCNC(C(=O)O)c1cc(OC(OC)[SH](=O)=O)ccc1N',
'CC1=C2C=CCC(=CC(Br)=CC=C1)C2',
'CCN=NNNC(C)OOCOOOOOCOOO',
'N#CNCCCCCOCCOC1COCNN1CCCCCCCCCCCCCCCCCCCCOOOOOSNNCCCCCSCSCCCCCCCCCCOCOOOSS',
'CCCC(=O)NC1=C(N)C=CO01',
'CCCSc1cc2nc(C)cnn2c1NC',
'CONCN1N=NN=CC=C1CC1SSS1',
'CCCOc1ccccc1OSNNOCCNCSNCCN',
'C[SH]1CCCN2CCN2C=C1N',
'CC1=C(C#N)N1NCCC1=COOO1',
'CN(NCNNNN)C(=O)CCSCc1ccco1',
'CCCN1CCC1CC=CC1=CC=S1CC=O',
'C/N=C/c1ccccc1',
'Nc1cccooo1',
'CCOc1ccccc1CCCNC(C)c1nccs1',
'CNNNNNNc1nocc1CCNNC(C)C',
'COC1=C(CON)C=C2C1=C(C)c1ccccc12',
```

```
'CCOCCCCNN(C)C',
'CCCN1C(=O)CNC1C',
'CCN',
'NCCNCc1cccc2c1C=CC=CC=C2',
'CCCCCN(NNNCNCCCCCCCCCCSCCCCCCCCCCCCCCCCNCCNCCCCSSCSSSSSSCCCCCCCCCCCCCCSCCCCCSC)\
C(O)OCCN',
'CCCS1=CC=C(C)N(CN)C2NCC2=C1',
'CCNCCCCCCOc1cccc(F)c1',
'NN1O[SH](CCCCO)C12C=C2',
'Cc1cc2cccc3c(CO)cc-3ccc-2c1']
```

我們分析的第一步是檢查分子,並確定是否有任何我們想要丟棄的分子。我們可以使用
DeepChem 的 RDKit 中的一些功能來檢查這些字串所代表的分子。為了評估字串,我們
必須先將它們轉換為分子物件。我們可以使用下面這個清單運算:

```
molecules = [Chem.MolFromSmiles(x) for x in smiles_list]
```

我們要檢查的一個因素是分子的大小。具有少於 10 個原子的分子不太可能產生足夠的
相互作用能量,以在生物測定中產生可測量的信號。相反的,超過 50 個原子的分子可
能不溶解在水中且可能在生物測定中產生其他問題。我們可以計算每個分子中非氫原子
的數量來粗略估計分子的大小,以下程式碼產生每個分子中原子數的清單。為方便起
見,我們對陣列進行排序以更容易的理解分佈(如果我們有更大的分子列表,我們可能
希望為此分佈產生長條圖):

```
print(sorted([x.GetNumAtoms() for x in molecules]))
```

執行結果如下:

```
[3, 8, 9, 10, 11, 11, 12, 12, 13, 14, 14, 14, 15,
16, 16, 16, 17, 17, 17, 17, 18, 19, 19, 20, 20, 22, 24, 69, 80]
```

可以看到它有四個非常小的分子與兩個非常大的分子,我們可以用另一個清單運算刪除
小於 10 大於 50 個原子的分子:

```
good_mol_list = [x for x in molecules if x.GetNumAtoms() > 10
        and x.GetNumAtoms() < 50]
print(len(good_mol_list))
23
```

此清單運算將分子數從 29 減為 23。

實務上，我們可以使用其他計算出的屬性來評估生成的分子的品質，幾個最近的生成模型論文使用計算出的分子特性來確定哪些生成的分子要保留或丟棄。確定分子是否與已知藥物或 "類藥物" 相似的更常用方法之一被稱為類藥物（QED）的定量估計，最初由 Bickerton 及其同事發布的 QED 指標，比較每種分子計算出的一組性質與市售藥物中相同性質的分佈來評估分子[1]。該評分範圍在 0 和 1 之間，更接近 1 的值被認為更像藥物。

我們可以使用 RDKit 計算剩餘分子的 QED 值，並僅保留 QED > 0.5 的分子：

```
qed_list = [QED.qed(x) for x in good_mol_list]
final_mol_list = [(a,b) for a,b in
        zip(good_mol_list,qed_list) if b > 0.5]
```

最後一個步驟是將 final_mol_list 的化學結構與相對應 QED 分數視覺化：

```
MolsToGridImage([x[0] for x in final_mol_list],
molsPerRow=3,useSVG=True,
subImgSize=(250, 250),
legends=[f"{x[1]:.2f}" for x in final_mol_list])
```

結果如圖 9-3 所示。

---

1   Bickerton, Richard G. et al. "Quantifying the Chemical Beauty of Drugs." *http://dx.doi.org/10.1038/nchem.* 1243. 2012.

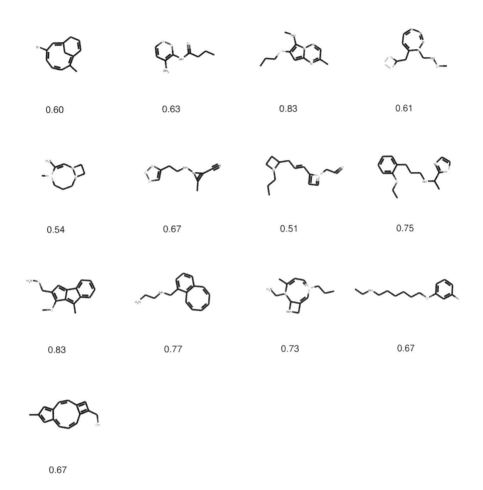

圖 9-3　生成分子的化學結構與 QED 分數。

雖然這些結構是有效的且具有相當高的 QED 分數，但它們仍然可能具有在化學上不穩定的功能。下一節會討論識別和去除這些問題分子的策略。

結論

雖然生成模型提供了一種產生新分子的有趣想法，但仍需要解決一些關鍵問題以確保其普遍適用性。首先是確保生成的分子在化學上是穩定的且可以在物理上合成。評估由生成模型產生的分子質量的一種方法是，觀察遵循標準化學價數規則的生成分子的分數——換句話說，確保每個碳原子具有四個鍵、每個氧原子具有兩個鍵、每個氟原子都有一個鍵，依此類推。從潛在空間解碼 SMILES 表示時，這些因素變得尤為重要。雖然生成模型可能已經學習了 SMILES 的語法，但可能仍存在細微差別。

分子遵循標準化合價規則不一定確保它是化學穩定的。在某些情況下，生成模型可能會產生含有已知易於分解的官能基的分子。以圖 9-4 中的分子為例，圓圈中稱為半縮醛的官能基很容易分解。

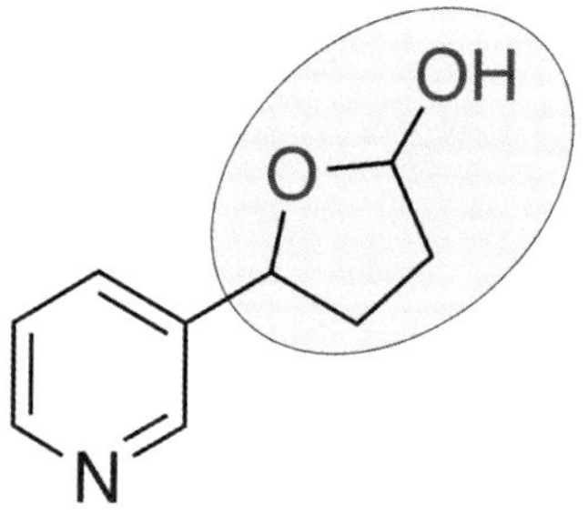

圖 9-4　帶有不穩定基的分子。

實際上，這種分子存在和化學穩定的可能性非常小，有許多這樣的化學功能是不穩定的或反應性的。藥物開發專案合成分子時，藥物化學家知道要避免引入這些官能基。將這種 "知識" 賦予生成模型的一種方法是提供一組過濾程序，可用於對模型輸出進行後處理並去除可能存在問題的分子。第 11 章會進一步討論其中一些過濾程序以及它們如何用於虛擬篩選，用於篩選化合物的技術也可用於評估由生成模型產生的虛擬分子。

為了測試由生成模型產生的分子的生物活性，該分子必須先由化學家合成。有機化學合成科學的歷史可追溯到一百多年前，在這段時間裡，化學家已經開發了數千種化學反應來合成藥物和藥物樣分子。類藥物分子的合成通常需要 5-10 個化學反應，通常稱為 "步驟"。雖然一些類藥物的分子可以很容易的合成，但更複雜的藥物分子的合成途徑可能需要超過 20 步很多。儘管在自動化有機合成計劃方面有超過 50 年的研究工作，但大部分過程仍然是由人類的直覺驅動，然後反覆試驗。

幸運的是，最近深度學習的發展為規劃藥物樣分子的合成提供了新的方法。許多研究小組發表了一些方法，這些方法使用深度學習來提出可用於合成分子的途徑。

給模型輸入一個稱為產品的分子以及用於合成該分子的一組步驟。透過訓練數以千計的產品分子和用於合成的步驟，深度神經網路能夠學習產品分子和反應步驟之間的關係。提出新分子時，該模型提出了一組可用於合成分子的反應。在一項測試中，這些模型產生的合成路線交給人類化學家進行評估。這些評估人員認為模型產生的路線在品質上與人類化學家產生的路線相當。

深度學習在有機合成中的應用是一個相對較新的領域。希望該領域繼續發展，讓這些模型成為有機化學家的重要工具。可以想像在不久的將來，這些綜合規劃功能可以與機器人自動化配對，創造一個完全自動化的平台。但是要克服一些困難。

有機合成中採用深度學習的一個潛在障礙是數據可用性。用於訓練這些模型的大部分資訊都在資料庫中，這些資料庫是少數組織的財產。如果這些組織決定只將這些數據用於其內部工作，那麼該領域將只剩下很少的替代方案。

可能限制生成模型進展的另一個因素是用於驅動分子生成的預測模型的品質。無論用於開發生成模型的架構如何，都必須使用某些功能來評估生成的分子並指導搜索新分子。在某些情況下，我們也許能夠開發可靠的預測模型。在其他情況下，模型可能不太可靠。雖然我們可以在外部驗證集上測試我們的模型，但通常很難確定預測模型的範圍。這個範圍，也稱為“適用範圍”，是指人們可以在訓練模型的分子外推斷的程度。這個適用性領域尚未明確定義，因此可能難以確定模型對生成模型生成的新分子的效果。

生成模型是一種相對較新的技術，看看這個領域在未來幾年如何演變會很有趣。由於我們使用深度學習來預測有機合成路線和建構預測模型的能力得到提升，因此生成模型的能力將繼續增長。

## 第十章

深度模型的解釋

前面已經看到許多訓練深度模型來解決問題的例子。每個都會收集一些數據，建立模型並進行訓練，直到它在我們的訓練和測試數據上產生正確的輸出。然後我們起身宣布解決了問題，然後繼續下一個問題。畢竟，我們有一個模型可以為輸入數據產生正確的預測。我們還想要什麼？

但通常這只是一個開始！完成模型訓練後，你可能會提出許多重要問題。該模型如何運作？輸入樣本的哪些方面導致特定預測？你能相信模型的預測嗎？它們有多準確？是否存在可能失敗的情況？究竟 "學到" 什麼？它能否引發關於它所訓練數據的新見解？

所有這些問題都屬於**可解釋性**問題。它涵蓋了你可能希望從模型中獲得的所有內容，而不是機械性的使用它來進行預測。這是一個非常廣泛的主題，它所包含的技術與它們試圖回答的問題一樣多樣化。我們不能在一章中涵蓋所有這些內容，但我們將嘗試一些更重要的方法。

為此，我們將重新討論前幾章中的範例。前面只是訓練模型進行預測、驗證它們的準確性、然後認為我們的工作完成。接下來我們將深入了解還能學到什麼。

解釋預測

假設你已經訓練了一個模型來識別不同類型車輛的照片，你可以在測試裝置上執行它並發現它可以準確的區分汽車、船隻、火車、飛機。這樣是否就已經準備好上線？你能相信它能在未來繼續產生準確的結果嗎？

也許可以，但如果錯誤的結果會導致嚴重後果，你可能會希望進一步驗證。知道模型為什麼會產生特定的預測會有幫助。它真的是查看車輛，還是實際上依賴於其他部分？汽車照片通常還包括道路、飛機往往映襯著天空、火車的圖片通常包括軌道、船的照片有大量的水。如果模型確實是識別背景而不是車輛，那麼它可能在測試集上表現良好，但在意外情況下會很糟糕。天空映襯的船可能被歸類為飛機、而駕駛過水的汽車可能被識別為船。

另一個可能的問題是該模型關注過於具體的細節。可能它並沒有真正識別**汽車**的圖片，只是識別包含**車牌**的圖片。或許它非常擅長識別救生員，並學會將它們與船隻圖片聯繫起來。這通常有用，但是汽車駛過游泳池且在後面有救生圈時會失敗。

能夠解釋模型如何做出預測是可解釋性的重要部分。模型識別出汽車的照片時，你想知道它是根據實際汽車進行識別，而不是基於道路，也不是僅僅基於汽車的一小部分。簡而言之，你想要知道它給出了正確答案的**理由**，這讓你相信它也可以用於未來的輸入。

作為一個具體的例子，讓我們回到第八章的糖尿病視網膜病變模型。回想一下，該模型將視網膜的圖像作為輸入，並預測患者有糖尿病視網膜病變和嚴重程度。輸入和輸出之間有數十個 Layer 物件和超過 800 萬個訓練過的參數。想要理解為什麼特定輸入導致特定輸出，我們不能僅透過查看模型來了解，它的複雜性遠遠超出了人類的理解。

已經開發了許多技術來試圖回答這個問題。我們將應用最簡單的一個，稱為**顯著性對應**（*saliency mapping*）[1]。這種技術的本質是詢問輸入圖像的哪些像素對輸出最重要（或 "顯著"）。當然，在某種意義上，**每個**像素都很重要。輸出是所有輸入的非常複雜的非線性函數，圖像中任何像素都可能包含疾病跡象。但是在特定圖像中只有一小部分有跡象，我們想知道是哪些。

顯著性映射使用簡單的近似來回答這個問題：只需考慮所有輸入的輸出導數。如果圖像的某個區域沒有疾病跡象，那麼該區域中任何單個像素的微小變化應該對輸出幾乎沒有影響，因此導數應該很小。陽性診斷涉及許多像素之間的相關性，不存在這些相關性時，僅改變一個像素就不會產生陽性。但是它們存在時，對任何一個參與像素的改變都可能會加強或削弱結果。該模型注意的 "重要" 區域的導數應該最大。

---

1   Simonyan, K., A. Vedaldi, and A. Zisserman. "Deep Inside Convolutional Networks: Visualising Image Classification Models and Saliency Maps." Arxiv.org (*https://arxiv.org/abs/1312.6034*). 2014.

讓我們看看程式碼。首先要建構模型並重新載入訓練的參數值:

```
import deepchem as dc
import numpy as np
from model import DRModel
from data import load_images_DR

train, valid, test = load_images_DR(split='random', seed=123)
model = DRModel(n_init_kernel=32, augment=False, model_dir='test_model')
model.restore()
```

接下來使用模型對樣本做預測。例如檢查前 10 個測試樣本的預測:

```
X = test.X
y = test.y
for i in range(10):
prediction = np.argmax(model.predict_on_batch([X[i]]))
print('True class: %d, Predicted class: %d' % (y[i], prediction))
```

下面是輸出:

```
True class: 0, Predicted class: 0
True class: 2, Predicted class: 2
True class: 0, Predicted class: 0
True class: 0, Predicted class: 0
True class: 3, Predicted class: 0
True class: 2, Predicted class: 2
True class: 0, Predicted class: 0
True class: 0, Predicted class: 0
True class: 0, Predicted class: 0
True class: 2, Predicted class: 2
```

前 10 個樣本對 9 個,還不錯,但它是靠什麼做預測?顯著性對應可給出答案。
DeepChem 可以計算顯著性:

```
saliency = model.compute_saliency(X[0])
```

compute_saliency() 輸入特定樣本陣列並回傳所有輸入的輸出導數。我們可以從結果更
清楚的看出這是什麼意思:

```
print(saliency.shape)
```

它列出一個 (5, 512, 512, 3) 陣列。X [0] 是第 0 個輸入圖像，它是 (512, 512, 3) 陣列，最後一個維度是三個顏色分量。此外，該模型有五個輸出，代表五個分類的機率。saliency 是 512×512×3 個輸入的各五個輸出的導數。

它需要一些處理才能使用。首先，我們想要獲取每個元素的絕對值。我們不關心是否應該使像素更暗或更亮以增加輸出，只關心它是否有影響。然後我們想把它壓縮到每個像素只有一個數字，這可以透過多種方式完成，但是現在我們會簡單的加總第一個和最後一個維度。如果任何顏色分量影響任何輸出預測，則會使該像素變得重要。最後，我們將值正規化為 0 到 1 之間：

```
sal_map = np.sum(np.abs(saliency), axis=(0,3))
sal_map -= np.min(sal_map)
sal_map /= np.max(sal_map)
```

讓我們看看它的樣子。圖 10-1 顯示模型正確識別為患有嚴重糖尿病視網膜病變的樣本。輸入圖像位於左側，右側的白色是最顯著區域。

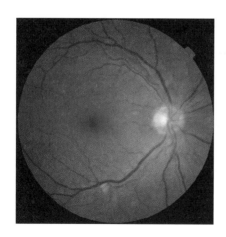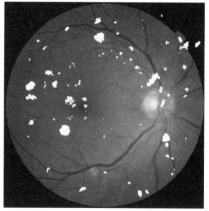

圖 10-1　嚴重糖尿病視網膜病變圖像的顯著圖。

我們注意到的第一件事是顯著性分佈在整個視網膜上，而不僅僅是在幾個點上。然而，它並不統一。顯著性沿著血管集中，尤其是在血管分支處。實際上，醫生尋找診斷糖尿病視網膜病變的一些跡象包括血管異常、出血、新血管的生長。該模型似乎將注意力集中在圖像的正確部分，醫生最密切關注的部分。

輸入最佳化

顯著性對應和類似技術可以告訴你模型在進行預測時所關注的資訊。但它究竟是如何解釋這些資訊呢？糖尿病視網膜病變模型主要關注血管，但它能區分健康血管和患病血管嗎？同樣的，模型識別船的照片時，最好知道它根據構成船的像素進行識別，而不是構成背景的像素。但那些像素如何導致它得出看到一艘船的結論？它是基於顏色？形狀？小細節的組合？可能會有不相關的圖片，模型會同樣自信的（但不正確地）識別為船嗎？模型"認為"船究竟是什麼樣？

回答這些問題的常用方法是找出最大化預測機率的輸入。你可以在模型中輸入所有可能的輸入，哪些輸入會導致最強的預測？檢查這些輸入就可以看到該模型真正"看什麼"。有時它會與你的預期非常不同！圖 10-2 顯示高品質圖像識別模型輸入產生強預測的最佳化圖像的結果。此模型以極高的信心識別每個圖像的類別，但對於人類而言根本就不是！

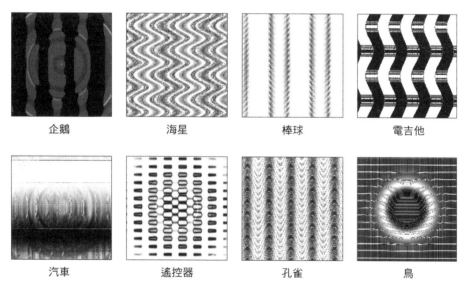

圖 10-2　騙過高品質圖像識別模型的圖像（來源：*https://arxiv.org/abs/1412.1897*）。

以第 6 章中的轉錄因子結合模型為例。回想一下，該模型將 DNA 序列作為輸入並預測該序列是否含有轉錄因子 JUND 的結合點。它認為結合點是什麼樣的？我們想要考慮所有可能的 DNA 序列，並找到模型最自信的預測結合點存在的 DNA 序列。

不幸的是，我們無法真正考慮所有可能的輸入。有 4^{101} 個長度為 101 的 DNA 序列，如果只需要一個納秒來檢查每個序列，那麼它們所需要的時間比宇宙的年齡要長許多倍。相反的，我們需要一種策略來對較少數量的輸入進行採樣。

一種可能性就是查看訓練集的序列。在這種情況下，實際上是一種合理的策略。訓練集涵蓋了真實染色體上的數千萬個鹼基，因此可代表該模型在實務中使用的輸入。圖 10-3 顯示了訓練集的 10 個產生最高輸出的序列，預測它們每一個都具結合點的機率大於 97％。其中 9 個確實有結合點，另一個是假陽性。對於每一個序列，我們使用顯著性對應來確定模型所關注的內容並根據其顯著性著色。

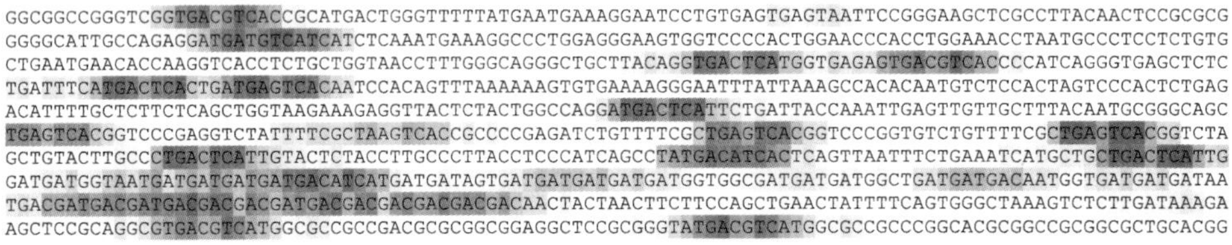

圖 10-3　訓練集的 10 個最高預測輸出，標記表示有結合點的樣本。

我們可以從這些輸入看到它識別的核心模式：TGA ... TCA，其中 ... 由一個或兩個通常為 C 或 G 的鹼基組成。顯著性表示它也注意到另一端有另外一兩個基，前一個基可以是 A、C、G，下一個基一定是 C 或 T。這與圖 10-4 所示的位置權重矩陣的 JUND 的已知綁定基序一致。

圖 10-4　代表位置權重矩陣的 JUND 的已知綁定基序，最高的字母表示基出現在對應位置的機率。

錯誤預測具有結合點的序列不包含此模式。相反的，它有幾個重複的 TGAC 模式連在一起。這看起來像一個真正的綁定基序的開始，但它沒有接著 TCA。顯然我們的模型已經學會識別真正的綁定基序，但是附近有幾個不完整的版本時也可能被誤導。

訓練樣本並不一定代表所有可能的輸入。如果訓練集完全由車輛照片組成，則它不會告訴你模型如何應付其他輸入，或許雪花的照片也會自信的將它標記為船。有些輸入甚至看起來都不像照片（可能只是簡單的幾何圖案甚至是隨機噪音），模型也會將其識別為船隻。為了測試這種可能性，我們不能依賴於我們已有的輸入。相反的，我們需要讓模型告訴我們它在尋找什麼。我們從一個完全隨機的輸入開始，然後使用演算法以增加模型輸出的方式進行修改。

讓我們以 TF 綁定模型執行。首先生成一個完全隨機的序列並計算模型的預測：

```
best_sequence = np.random.randint(4, size=101)
best_score =
    float(model.predict_on_batch([dc.metrics.to_one_hot(best_sequence, 4)]))
```

接下來做最佳化，隨機選取序列中的位置與新的基。若此改變導致輸出增加則保留，否則拋棄此改變並嘗試其他改變：

```
for step in range(1000):
  index = np.random.randint(101)
  base = np.random.randint(4)
  if best_sequence[index] != base:
    sequence = best_sequence.copy()
    sequence[index] = base
    score = float(model.predict_on_batch([dc.metrics.to_one_hot(sequence, 4)]))
    if score > best_score:
      best_sequence = sequence
      best_score = score
```

這迅速導致序列預測機率最大化，通常在 1,000 步之內會發現輸出已經飽和並且等於 1.0。

圖 10-5 顯示此過程生成的 10 個序列。三種最常見結合模式（TGACTCA、TGAGTCA、TGACGTCA）已突顯。每個序列至少包含其中一個模式，通常是三個或四個。模型輸出最大化的序列具有我們期望的屬性，這使我們相信模型運行良好。

GACGTCATCCCTTACGATGACGTCATCATAACGGCGACGATGACTCTACTGATGAGTCATCGCTGTGACGACGTTACTGCCGCTGACGCAATTGATGACGT
CGCGGCGACGGTTCCGATTACTCATCGGGTGATGACGTCTGACGTCATCGGTGATGACGACGTCACCTCCGGAACGGTGACGACGGTGATGACGTAACTC
CGCTGCGGTGATGACTCATTCCGTTGTGAGTCATCGCTAACGGTTCCGAAAGTTTTCCGACGGCGATGAGTCATCGGTGACGATGACGATGACTCATTGTA
CGTCATTCGTGAGTCATGACTTATCGCGAAATGATGACTCCGTTCCGATGACTCATCGGCGCCGTCCGGTCAGGAATGACGTCATGATGACTCATTACGTC
GATGACTCATCTATGACTCAATGACGTCATTCGCGTGATTACGTCCTTTATAACGATGACGTCATCACTCACGGAACCGATCCGATTACGACCGGCGCTCC
TCAGTGATGACTGAGTCATCATGACGTCATCGCGTTCCGGTTACGTCGAGTACCGCGGCGGATGACGTCATCGCAGACCGGGGATGACTTCACTGGTGTGA
GTCACCTCGAAACGGTACGGCTCTGAGAGTACGTCACCGAGTATCCGATCCGGGCGATGACTCATCGTTCGGTGATGATGATGTCATCATCGATGACTCAT
GTCACGGGTAATGATGACGTCATCGCTTCGGATTGCCCGTCCGGAACGATGACGTCATATCGGTTATGACGTCAAGACGTCATCGCTTGCAGATGATGACG
CCTGCGATGACGTCATCGATTAGCATCGATGACGTCACTTACTGCTCCGACGATGACTCAATGAGTCATCATCAATGGTGACGACCGGGCCGGTTACGGTT
AGCGCTCCGTCCGGAATGATGACGTCACTTTGGTTGACTCAGTAACTGTCCGCACCGATGACTCATCGGGTACGGTGAGTCATTGCACTGGTACGACATCA

圖 10-5　模型輸出最大化的序列樣本。

預測不確定

即使你已經確信模型能夠產生準確的預測，還是有一個重要的問題：它們究竟有多準確？科學很少滿足於一個數字；我們希望每個數字都有不確定性。如果模型輸出 1.352，我們是否應該將其解釋為真實值介於 1.351 和 1.353 之間？還是在 0 到 3 之間？

我們以第 4 章的溶解度模型作為例子。回想一下，該模型將表示為分子圖的分子作為輸入，並輸出一個數字表明它在水中的溶解程度。使用以下程式碼建構和訓練模型。

```
tasks, datasets, transformers = dc.molnet.load_delaney(featurizer='GraphConv')
train_dataset, valid_dataset, test_dataset = datasets
model = GraphConvModel(n_tasks=1, mode='regression', dropout=0.2)
model.fit(train_dataset, nb_epoch=100)
```

第一次檢查這個模型時，我們評估了它在測試集上的準確性並宣布自己滿意。接下來讓我們嘗試更好的量化其準確性。

我們能嘗試做的一件非常簡單的事是計算模型對測試集的預測的均方根（RMS）誤差：

```
y_pred = model.predict(test_dataset)
print(np.sqrt(np.mean((test_dataset.y-y_pred)**2)))
```

它回傳 RMS 誤差為 0.396。那麼我們是否應該將它作為預測模型的不確定性？若測試集代表模型的所有輸入，且若所有錯誤都遵循單一分佈，那麼這可能是合理的事情。不幸的是，這些都不是安全的假設！某些預測可能比其他預測具有更大的誤差，並且取決於測試集的特定分子，它們的平均誤差可能高於或低於實務中遇到的誤差。

我們真的希望將不同的不確定性與每個輸出聯繫起來。我們希望事先知道哪些預測較準確，哪些較不準確。為此，我們需要更仔細的考慮導致模型預測中出錯的多個因素 [2]。如下述，這必須包含兩種根本不同的不確定性類型。

圖 10-6 顯示訓練集分子的真實與預測的溶解度。該模型在複製訓練集方面做得很好，但不是一個完美的工作。這些點分佈在圍繞對角線的有限寬度的帶中，儘管它是在這些樣本上進行訓練的，但在預測模型時仍然存在一些錯誤。因此我們不得不預期它對未經過訓練的其他數據也有錯誤。

2　Kendall, A., and Y. Gal, "What Uncertainties Do We Need in Bayesian Deep Learning for Computer Vision?" *https://arxiv.org/abs/1703.04977*. 2017.

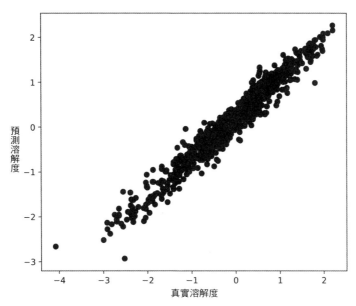

圖 10-6 訓練集分子的真實與預測的溶解度。

注意我們只在乎訓練集。這種不確定性完全可以透過訓練時獲得的資訊來確定。這意味著我們可以訓練模型來預測它！我們可以向模型添加另一組輸出：對於它預測的每個值，它還將輸出該預測中的不確定性的估計。

圖 10-7 顯示重複 10 次訓練過程產生 10 種不同的模型，我們已經使用它們來預測試驗集 10 個分子的溶解度。所有模型都使用相同的數據進行訓練，並且它們在訓練集上具有相似的誤差，但它們對測試集分子產生了不同的預測！對於每種分子，我們根據使用的模型獲得一系列不同的溶解度。

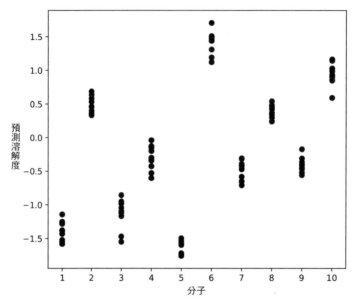

圖 10-7 測試集的 10 個分子的溶解度，由一組模型預測，所有模型均在相同數據上訓練。

這基本上是不同的不確定性，稱為**認知**（*epistemic*）**不確定性**。原因是許多不同的模型同樣適合訓練數據，我們不知道哪一個是"最好的"。

測量認知不確定性的直接方法是訓練許多模型並比較它們的結果，如圖 10-7 所示。然而，這麼做的代價非常高。如果你有一個龐大、複雜的模型需要幾週的訓練，你不會想多次重複這個過程。

更快的替代方案是使用丟棄訓練單個模型，然後使用不同的丟棄遮罩多次預測每個輸出。丟棄通常僅在訓練時進行。如果在每個訓練步驟中將一個層的 50％輸出隨機設置為 0，則在測試時將**每個**輸出乘以 0.5。但是我們不這樣做。我們將輸出的一半隨機設置為 0，然後使用不同的隨機遮罩重複該過程以獲得不同預測的集合。預測值之間的差異給出了認知不確定性的非常好的估計。

注意模型設計選擇如何影響這兩種不確定性之間的取捨。如果使用包含大量參數的大型模型，則可以非常接近的擬合訓練數據。然而模型可能是不確定的，因此參數值的許多組合將同樣適合訓練數據。相反的，如果使用的參數很少的小模型，則更有可能是一組唯一的最佳參數值，但它也可能不適合訓練集。在任何一種情況下，估計模型預測的準確性時必須包括兩種類型的不確定性。

這聽起來很複雜。我們如何在實務中做到這一點？幸運的是，DeepChem 讓它變得非常簡單。只需在模型的建構元中加上一個額外的參數：

```
model = GraphConvModel(n_tasks=1, mode='regression',
                       dropout=0.2, uncertainty=True)
```

uncertainty=True 表示模型為不確定性添加額外輸出，並對損失函數進行必要的更改。接下來做預測：

```
y_pred, y_std = model.predict_uncertainty(test_dataset)
```

這會使用不同的丟棄遮罩多次計算模型的輸出，然後回傳每個輸出元素的平均值，以及每個輸出元素的標準偏差的估計值。

圖 10-8 顯示它在測試集上的工作原理，對於每個樣本繪製預測中的實際誤差與模型的不確定性估計。數據顯示一個明顯的趨勢：具有較大預測不確定性的樣本往往比預測不確定性較小的樣本具有更大的誤差。虛線對應於 $y = 2x$，該線以下的點預測的溶解度在真實值的兩個（預測的）標準偏差範圍內，大約 90％ 的樣本都在這個區間內。

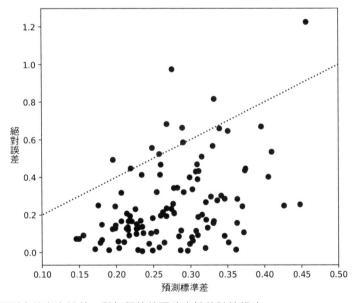

圖 10-8　模型預測中的真實誤差，與每個值的不確定性估計值相比。

可理解、可解釋、實際後果

錯誤預測的後果越嚴重，理解模型的工作方式就越重要。對於某些模型，個別預測並不重要。在藥物開發早期階段工作的化學家可能會使用模型篩選數百萬種潛在化合物，並選擇最有希望的化合物進行合成。模型預測的準確性可能很低，但這是可以接受的。只要通過的化合物平均比被拒絕的化合物更好，它就是有用的。

在其他情況下，每個預測都很重要。模型用於診斷疾病或推薦治療時，每個結果的準確性可以確定患者存活或死亡。"我應該相信這個結果嗎？"變得至關重要。

理想情況下，模型不僅應該產生診斷，還應該產生支持診斷的證據總結。患者的醫生可以檢查證據，並在該特定病例中做出關於模型是否正常運行的明智決定。具有此屬性的模型是*可解釋的*。

不幸的是，太多的深度學習模型無法解釋。此時醫生面臨著艱難的選擇，他們是否相信模型，即使他們不知道結果的依據是什麼？或者他們是否忽略了模型並依靠自己的判斷？這兩種選擇都不令人滿意。

記住這個原則：**每個模型最終都與人類相互作用**。要評估模型的品質，你必須在分析中包含這些互動，它們通常依賴心理學或經濟學而不是機器學習。僅計算模型預測的相關係數或 ROC AUC 是不夠的，還必須考慮誰將看到這些預測、如何解釋它們、以及它們最終會產生什麼樣的實際後果。

使模型更可理解或可解釋也許不會影響其預測的準確性，但它仍然會對這些預測的實際後果產生巨大影響。它是模型設計的重要部分。

結論

深度模型難以理解，但已經開發出許多有用的技術可以提供幫助。透過使用這些技術，你可以開始了解模型正在做什麼以及它是如何運作。這有助於你決定是否信任它，並讓你確定可能失敗的情況。它還能為數據提供新的見解，例如，透過分析 TF 結合模型，我們發現了特定轉錄因子的結合基序。

## 第十一章

虛擬篩選流程範例

虛擬篩選可以提供一種有效且經濟的方法來識別藥物開發計劃的起點。我們可以使用計算方法虛擬評估數百萬甚至數千萬的分子，而不是進行昂貴的實驗性高速篩選（HTS）。虛擬篩選方法通常分為基於結構的虛擬篩選和基於配體的虛擬篩選。

在基於結構的虛擬篩選中，計算方法用於識別最適合蛋白質中稱為結合點的腔的分子。分子與蛋白質結合點的結合通常可以抑制蛋白質的功能，例如稱為酶的蛋白質催化各種生理化學反應。透過鑑定和最佳化這些酶促過程的抑製劑，科學家們已經能夠開發出針對腫瘤學、發炎、感染和其他治療領域的各種疾病的治療方法。

在基於配體的虛擬篩選中，我們搜索與一種或多種已知分子功能相似的分子。我們可能正在尋求改善現有分子的功能、避免與已知分子相關的藥理學問題、或開發新的知識產權。基於配體的虛擬篩選通常以通過各種實驗方法鑑定的一組已知分子開始，然後使用計算方法基於實驗數據開發模型，並且該模型用於虛擬篩選大量分子以找到新的化學起點。

這一章介紹虛擬篩選工作流程的實際範例，我們將研究用於執行虛擬篩選的程式碼以及整個分析過程中做決策的思考流程。此例執行基於配體的虛擬篩選，我們將使用已知與特定蛋白質結合的一組分子，以及假定不結合的一組分子來訓練卷積神經網路以識別有可能結合靶標的新分子。

準備預測模型的資料集

首先建構圖卷積模型來預測分子抑制 ERK2 蛋白質的能力。這種蛋白質，也稱為促分裂原活化蛋白激酶 1，或 MAPK1，在調節細胞如何繁殖的信號通道中發揮重要作用。ERK2 與許多癌症有關，ERK2 抑製劑目前正在非小細胞肺癌和黑色素瘤（皮膚癌）的臨床試驗中進行測試。

我們將訓練該模型以區分一組 ERK2 活性化合物與一組誘餌化合物。活性和誘餌化合物衍生自 DUD-E 資料庫（*http://dud.docking.org/*），該資料庫用於測試預測模型。實際上，我們通常會從科學文獻或生物活性分子資料庫中獲取活性和非活性分子，例如歐洲生物資訊學研究所（EBI）的 ChEMBL 資料庫（*https://www.ebi.ac.uk/chembl/*）。為了產生最佳模型，我們希望具有與我們的活性化合物類似的屬性分佈的誘餌。假設情況並非如此，非活性化合物的分子量低於活性化合物。在這種情況下，我們的分類程序可能僅僅是為了將低分子量化合物與高分子量化合物分開進行訓練。這種分類程序在實務中的實用性非常有限。

為了更好的理解數據集，我們來檢查一下我們的活性和誘餌分子的幾個計算屬性。為了建立可靠的模型，我們需要確保活性分子的特性與誘餌分子的特性相似。

首先，匯入必要的函式庫：

```
from rdkit import Chem              # RDKit 函式庫的化學函式
from rdkit.Chem import Draw         # 繪製化學結構
import pandas as pd                 # 處理表格資料
from rdkit.Chem import PandasTools  # 操作化學資料
from rdkit.Chem import Descriptors  # 計算分子記述子
from rdkit.Chem import rdmolops     # 其他分子屬性
import seaborn as sns               # 繪圖
```

此例中，分子使用 SMILES 字串表示，更多 SMILES 資訊見第 4 章。我們現在可以將 SMILES 檔案讀入 Pandas 資料格式並加入 RDKit 分子。雖然輸入 SMILES 檔案在技術上不是 CSV 文件，但只要指定分隔字元，Pandas 的 read_CSV() 函式就可以讀取它：

```
active_df = pd.read_CSV("mk01/actives_final.ism",header=None,sep=" ")
active_rows,active_cols = active_df.shape
active_df.columns = ["SMILES","ID","ChEMBL_ID"]
active_df["label"] = ["Active"]*active_rows
PandasTools.AddMoleculeColumnToFrame(active_df,"SMILES","Mol")
```

讓我們定義一個函式以將計算出的屬性加入資料格式：

```
def add_property_columns_to_df(df_in):
df_in["mw"] = [Descriptors.MolWt(mol) for mol in
df_in.Mol]
df_in["logP"] = [Descriptors.MolLogP(mol) for mol in
df_in.Mol]
df_in["charge"] = [rdmolops.GetFormalCharge(mol) for mol
in df_in.Mol]
```

有了這個函式，我們就可以計算出分子量、LogP 和分子電荷。這些屬性編碼分子的大小，能分隔油性物質（辛醇）與水以及分子帶正電荷或負電荷。有了這些屬性後，我們就可以比較活性和誘餌集的分佈：

```
add_property_columns_to_df(active_df)
```

讓我們看一下資料格式的前幾行以確保內容與輸入檔案相符（見表 11-1）：

```
active_df.head()
```

表 11-1　active_df 資料格式的前幾列

	SMILES	ID	ChEMBL_ID	label
0	Cn1ccnc1Sc2ccc(cc2Cl)Nc3c4cc(c(cc4ncc3C#N)OCCCN5CCOCC5)OC	168691	CHEMBL318804	Active
1	C[C@@]12[C@@H]([C@@H](CC(O1)n3c4ccccc4c5c3c6n2c7ccccc7c6c8c5C(=O)NC8)NC)OC	86358	CHEMBL162	Active
2	Cc1cnc(nc1c2cc([nH]c2)C(=O)N[C@H](CO)c3cccc(c3)Cl)Nc4cccc5c4OC(O5)(F)F	575087	CHEMBL576683	Active
3	Cc1cnc(nc1c2cc([nH]c2)C(=O)N[C@H](CO)c3cccc(c3)Cl)Nc4cccc5c4OCO5	575065	CHEMBL571484	Active
4	Cc1cnc(nc1c2cc([nH]c2)C(=O)N[C@H](CO)c3cccc(c3)Cl)Nc4cccc5c4CCC5	575047	CHEMBL568937	Active

對誘餌做相同的運算：

```
decoy_df = pd.read_CSV("mk01/decoys_final.ism",header=None,sep=" ")
decoy_df.columns = ["SMILES","ID"]
decoy_rows, decoy_cols = decoy_df.shape
decoy_df["label"] = ["Decoy"]*decoy_rows
PandasTools.AddMoleculeColumnToFrame(decoy_df,"SMILES","Mol")
add_property_columns_to_df(decoy_df)
```

為建構模型，我們需要一個帶有活性和誘餌分子的資料格式。我們可以使用 Pandas 的 append 函數加入兩個資料格式，並建立一個稱為 tmp_df 的新資料格式：

```
tmp_df = active_df.append(decoy_df)
```

透過計算活性和誘餌集的屬性，我們可以比較兩組分子的屬性。為進行比較，我們將使用小提琴圖。小提琴圖類似於箱線圖，小提琴圖提供了頻率分佈的鏡像水平圖。理想情況下，我們希望看到活動和誘餌集的類似分佈。結果如圖 11-1 所示：

```
sns.violinplot(tmp_df["label"],tmp_df["mw"])
```

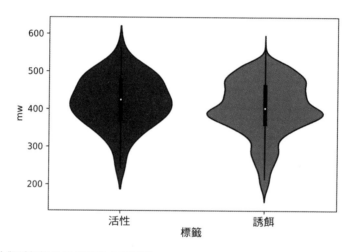

圖 11-1　活性與誘餌集分子權重的小提琴圖。

這些圖顯示兩組的分子量分佈大致相等。誘餌集具有更低的分子量分子，但小提琴圖中間的一個方框顯示的分佈中心，在兩個圖中都處於相似的位置。

我們可以使用小提琴圖來執行 LogP 分佈的比較（圖 11-2）。同樣的，我們可以看到分佈是相似的，在分佈的下端還有一些誘餌分子：

```
sns.violinplot(tmp_df["label"],tmp_df["logP"])
```

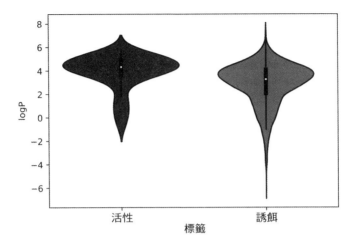

圖 11-2　活性與誘餌集分子的 LogP 小提琴圖。

最後執行分子電荷的相同比較（圖 11-3）：

```
sns.violinplot(new_tmp_df["label"],new_tmp_df["charge"])
```

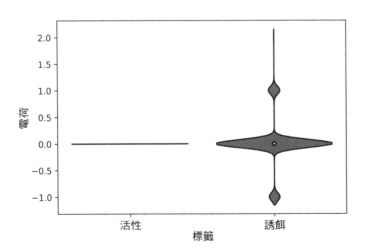

圖 11-3　活性與誘餌集分子電荷的小提琴圖。

此例中有顯著的差異。所有活性分子都是中性、電荷為 0，而一些誘餌帶電荷，電荷為 +1 或 -1。我們來看看誘餌分子的哪一部分帶電荷，我們可以只使用帶電分子建立新的資料格式來實現此目的：

```
charged = decoy_df[decoy_df["charge"] != 0]
```

Pandas 資料格式有一個 shape 屬性回傳資料格式的行數和列數，因此 shape 屬性中的元素 [0] 是行數。讓我們將帶電分子資料格式中的行數除以誘餌資料格式中的總行數：

```
charged.shape[0]/decoy_df.shape[0]
```

它回傳 0.162。如小提琴圖所示，大約 16％ 的誘餌分子是帶電的。這似乎是因為活性和誘餌集沒有以一致的方式準備，我們可以修改誘餌分子的化學結構來中和它們的電荷以解決這個問題。幸運的是，我們可以使用 RDKit 的 Cookbook（*https://www.rdkit.org/docs/Cookbook.html*）中的 NeutraliseCharges() 函式輕鬆完成此操作：

```
from neutralize import NeutraliseCharges
```

為了避免混淆，我們使用 SMILES 字串、ID、誘餌標籤建立一個新的資料格式：

```
revised_decoy_df = decoy_df[["SMILES","ID","label"]].copy()
```

有了這個新的資料格式後，我們可以用分子的中性形式的字串替換原始的 SMILES 字串。NeutraliseCharges 函式回傳兩個值，第一個是分子中性形式的 SMILES 字串，第二個是表示分子是否發生變化的變數。下面的程式碼只需要 SMILES 字串，因此我們使用 NeutraliseCharges 回傳的第一個元素。

```
revised_decoy_df["SMILES"] = [NeutraliseCharges(x)[0] for x
in revised_decoy_df["SMILES"]]
```

替換 SMILES 字串後，將分子欄加入新的資料格式並再次計算此屬性：

```
PandasTools.AddMoleculeColumnToFrame(revised_decoy_df,"SMILES","Mol")
add_property_columns_to_df(revised_decoy_df)
```

然後將活性分子的資料格式加入修改後的中和誘餌中：

```
new_tmp_df = active_df.append(revised_decoy_df)
```

接下來，我們可以產生一個新的箱線圖來比較活性分子的電荷分佈與我們中和的誘餌的電荷分佈（圖 11-4）：

```
sns.violinplot(new_tmp_df["label"],new_tmp_df["charge"])
```

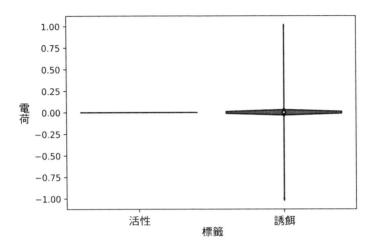

圖 11-4　修改後誘餌集分子電荷分佈的小提琴圖。

此圖顯示誘餌中現在存在非常少的帶電分子。我們可以使用前面相同的技術來建立帶電荷分子的資料格式，然後使用此資料格式來確定集合中剩餘的帶電分子數：

```
charged = revised_decoy_df[revised_decoy_df["charge"] != 0]
charged.shape[0]/revised_decoy_df.shape[0]
```

結果是 0.003。我們已將帶電分子的比例從 16％降低到 0.3％，我們現在可以確信活性和誘餌相當平衡。

為了將這些資料集用於 DeepChem，我們必須將分子寫成 CSV 檔案，其中包含每個分子的 SMILES 字串、ID、名稱、表示化合物是活性的（標記為 1）還是非活性的（標記為 0）的整數：

```
active_df["is_active"] = [1] * active_df.shape[0]
revised_decoy_df["is_active"] = [0] * revised_decoy_df.shape[0]
combined_df = active_df.append(revised_decoy_df)[["SMILES","ID","is_active"]]
combined_df.head()
```

表 11-2 顯示前五行：

表 11-2 　新組合的資料格式的前幾行

	SMILES	ID	is_active
0	Cn1 ccnc1Sc2ccc(cc2Cl)Nc3c4cc(c(cc4ncc3C#N)OCCCN5CCOCC5)OC	168691	1
1	C[C@@]12[C@@H]([C@@H](CC(O1)n3c4ccccc4c5c3c6n2c7ccccc7c6c8c5C(=O)NC8)NC)OC	86358	1
2	Cc1cnc(nc1c2cc([nH]c2)C(=O) N[C@H](CO)c3cccc(c3}Cl)Nc4cccc5c4OC(O5)(F)F	575087	1
3	CCc1cnc(nc1c2cc([nH]c2)C(=O)N[C@H](CO)c3cccc(c3}Cl)Nc4cccc5c4OCO5	575065	1
4	Cc1cnc(nc1c2cc([nH]c2)C(=O) N[C@H](CO)c3cccc(c3}Cl)Nc4cccc5c4CCC5	575047	1

這個部分的第一個步驟是將新的 combined_df 儲存成 CSV 檔案。index=False 選項讓 Pandas 不會把列數放在第一個欄：

```
combined_df.to_csv("dude_erk1_mk01.CSV",index=False)
```

訓練預測模型

格式化後可以使用這些資料來訓練圖卷積模型。首先匯入必要的函式庫，一些函式庫是在第一個部分匯入，但我們假設從上一節中建立的 CSV 檔案開始：

```
import deepchem as dc                            # DeepChem 函式庫
from deepchem.models import GraphConvModel       # 圖卷積
import numpy as np                               # 數值運算用的 NumPy
import sys                                        # 錯誤處理
import pandas as pd                              # 資料表格操作
import seaborn as sns                            # 繪圖用的 Seaborn 函式庫
from rdkit.Chem import PandasTools               # Pandas 中的化學結構
```

接下來定義一個函數來建立 GraphConvModel，此例中我們將建立一個分類模型。由於我們稍後將在不同的數據集上使用模型，因此最好建立一個用於儲存模型的目錄。你必須將目錄更改為你的檔案系統上可存取的目錄：

```
def generate_graph_conv_model():
batch_size = 128
model = GraphConvModel(1, batch_size=batch_size,
mode='classification',
model_dir="/tmp/mk01/model_dir")
return model
```

訓練模型，先讀取前一節建立的 CSV 檔案：

```
dataset_file = "dude_erk2_mk01.CSV"
tasks = ["is_active"]
featurizer = dc.feat.ConvMolFeaturizer()
loader = dc.data.CSVLoader(tasks=tasks,
smiles_field="SMILES",
featurizer=featurizer)
dataset = loader.featurize(dataset_file, shard_size=8192)
```

現在已經載入數據集，可以開始建構模型，我們會建立訓練和測試集以評估模型的性能。此例使用 RandomSplitter（DeepChem 也提供了許多其他分離程序，例如 ScaffoldSplitter 透過化學支架分離數據集和 ButinaSplitter，它先聚集數據然後拆分數據集以使不同群集出現在訓練和測試集中）：

```
splitter = dc.splits.RandomSplitter()
```

數據集拆分後，我們可以在訓練集上訓練模型並在驗證集上測試該模型。此時，我們需要定義一些指標並評估模型的表現。此例中的數據集是不平衡的：我們有少量活性化合物和大量非活性化合物。鑑於這種差異，我們需要使用反映不平衡數據集表現的指標。適用於此類數據集的一個指標是 Matthews 相關係數（MCC）：

```
metrics = [
dc.metrics.Metric(dc.metrics.matthews_corrcoef, np.mean,
mode="classification")]
```

為評估模型的表現，我們將執行 10 次交叉驗證，我們在訓練集上訓練模型並檢查驗證集：

```
training_score_list = []
validation_score_list = []
transformers = []
cv_folds = 10
for i in range(0, cv_folds):
model = generate_graph_conv_model()
res = splitter.train_valid_test_split(dataset)
train_dataset, valid_dataset, test_dataset = res
model.fit(train_dataset)
train_scores = model.evaluate(train_dataset, metrics,
transformers)
training_score_list.append(
train_scores["mean-matthews_corrcoef"])
validation_scores = model.evaluate(valid_dataset,
metrics,
transformers)
```

```
validation_score_list.append(
validation_scores["mean-matthews_corrcoef"])
print(training_score_list)
print(validation_score_list)
```

我們可以使用箱線圖將模型對訓練與測試集的表現視覺化。結果如圖 11-5 所示：

```
sns.boxplot(
["training"] * cv_folds + ["validation"] * cv_folds,
training_score_list + validation_score_list)
```

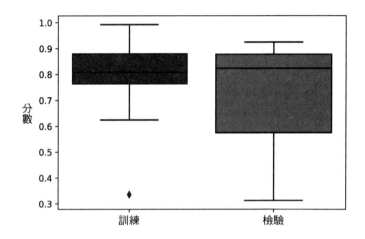

圖 11-5　訓練與測試集分數的箱線圖。

這些圖如預期銷售訓練集的表現優於驗證集，但驗證集上的表現仍然非常好。此時我們能對模型的表現充滿信心。

模型結果的視覺化也很有用。為此，我們將為驗證集產生一組預測：

```
pred = [x.flatten() for x in model.predict(valid_dataset)]
```

為了能簡單的處理，我們以預測建構 Pandas 資料格式：

```
pred_df = pd.DataFrame(pred,columns=["neg","pos"])
```

我們可以輕鬆的將活性分類（1 = 活性，0 = 非活性）和我們預測分子的 SMILES 字串加入資料格式：

```
pred_df["active"] = [int(x) for x in valid_dataset.y]
pred_df["SMILES"] = valid_dataset.ids
```

檢視資料格式的前幾行以確保數據有意義是一個好主意，表 11-3 顯示結果。

表 11-3　帶預測的資料格式的前幾行

	neg	pos	active	SMILES
0	0.906081	0.093919	1	Cn1ccnc1Sc2ccc(cc2Cl)Nc3c4cc(c(cc4ncc3C#N)OCCC...
1	0.042446	0.957554	1	Cc1cnc(nc1c2cc([nH]c2)C(=O)N[C@H](CO)c3cccc(c3...
2	0.134508	0.865492	1	Cc1cccc(c1)[C@@H](CO)NC(=O)c2cc(c[nH]2)c3c(cnc...
3	0.036508	0.963492	1	Cc1cnc(nc1c2cc([nH]c2)C(=O)N[C@H](CO)c3ccccc3)...
4	0.940717	0.059283	1	c1c\2c([nH]c1Br)C(=O)NCC/C2=C/3\C(=O)N=C(N3)N

箱形圖使我們能夠比較活性和非活性分子的預測值（見圖 11-6）。

```
sns.boxplot(pred_df.active,pred_df.pos)
```

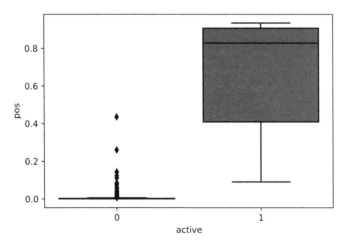

圖 11-6　預測分子分數。

模型的表現非常好：我們可以看到活性和非活性分子之間的明顯分離。建構預測模型時，通常重要的是檢查預測為活性的非活性分子（假陽性）以及預測為非活性的活性分子（假陰性）。似乎只有一個活性分子是低陽性分數。為了更仔細的觀察，我們將建立一個包含所有活動分子的新資料格式，其正分數 < 0.5：

```
false_negative_df = pred_df.query("active == 1 & pos < 0.5").copy()
```

我們以 RDKit 的 PandasTools 模組檢查資料格式中的分子化學結構：

```
PandasTools.AddMoleculeColumnToFrame(false_negative_df,
"SMILES", "Mol")
```

讓我們檢視新資料格式（圖 11-7）：

```
false_negative_df
```

	neg	pos	active	SMILES	Mol
4	0.723421	0.27658	1	c1ccc(cc1)c2c(c3ccccn3n2)c4cc5c(n[nH]c5nn4)N	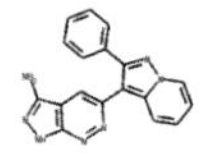
5	0.910040	0.08996	1	CCNC(=O)Nc1ccc(cn1)CNc2c(scn2)C(=O)Nc3ccc4c(c3)OC(O4)(F)F	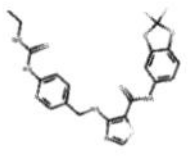

圖 11-7　假陽性預測。

為了充分利用此資料格式中的資訊，我們需要掌握一些藥物化學知識。檢視假陰性分子的化學結構並與真陽性分子的化學結構進行比較通常是有益的，這可以提供一些有關分子未被正確預測的原因的見解，通常可能是假陰性分子與任何真陽性分子不相似的情況。此例可能值得進行額外的文獻檢索以增加訓練集分子的多樣性。

我們可以使用類似的方法來檢查假陽性分子，這些假陽性分子是無效的，但得到的分數 > 0.5（見圖 11-8）。同樣的，與真陽性分子的化學結構進行比較可能會提供資訊：

```
false_positive_df = pred_df.query(
    "active == 0 & pos > 0.5").copy()
PandasTools.AddMoleculeColumnToFrame(false_positive_df,
                                     "SMILES", "Mol")
false_positive_df
```

	neg	pos	active	SMILES	Mol
296	0.564975	0.435025	0	c1ccc2c(c1)c(nc(n2)c3ccncc3)N4CCO[C@@H](C4)c5cccc(c5)F	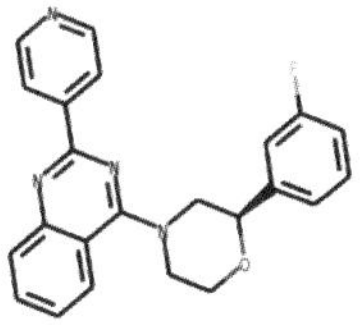

圖 11-8　假陽性分子。

模型訓練階段的目標是評估模型的表現。因此我們在一部分數據上訓練模型，並在剩餘部分上驗證模型。評估表現後，我們希望生成最有效的模型，因此在所有數據上訓練模型：

```
model.fit(dataset)
```

它的準確性是 91%。最後我們將模型儲存在磁碟以供後續預測用：

```
model.save()
```

準備資料集給模型預測

建立一個預測模型後，我們可以將模型應用於一組新的分子。在許多情況下，我們將基於文獻數據建立預測模型，然後將該模型應用於想要篩選的一組分子，想要篩選的分子可以來自內部資料庫或來自商業上可取得的篩選集合。我們將使用建立的預測模型篩選來自 ZINC 資料庫的 100,000 個化合物樣本，該資料庫是超過 10 億個市售分子的集合。

進行虛擬篩選時的一個潛在困難是可能干擾生物測定的分子。在過去的 25 年中，科學界的許多團體已經制定了一系列規則來識別潛在的反應性或有問題的分子，其中一些編碼成 SMARTS 字串的規則集已由 ChEMBL 資料庫收錄。這些規則集已透過稱為 *rd_filters.py* 的 Python 腳本提供。此例使用 *rd_filters.py* 識別來自 ZINC 資料庫的 100,000 個分子中有問題的分子。

rd_filters.py 腳本與相關資料檔案見我們的 GitHub 程式庫（*https://github.com/deepchem/DeepLearningLifeSciences*）。

此腳本的模式與參數可用 -h 旗標列出：

```
rd_filters.py -h

Usage:
rd_filters.py $ filter --in INPUT_FILE --prefix PREFIX [--rules RULES_FILE_NAME]
[--alerts ALERT_FILE_NAME][--np NUM_CORES]
rd_filters.py $ template --out TEMPLATE_FILE [--rules RULES_FILE_NAME]
Options:
--in INPUT_FILE input file name
--prefix PREFIX prefix for output file names
--rules RULES_FILE_NAME name of the rules JSON file
--alerts ALERTS_FILE_NAME name of the structural alerts file
--np NUM_CORES the number of cpu cores to use (default is all)
--out TEMPLATE_FILE parameter template file name
```

要對輸入檔案（*zinc_100k.smi*）應用腳本，我們可以指定輸入檔案和輸出檔案名的前綴。filter 參數以"過濾"模式呼叫腳本以識別可能存在問題的分子，--prefix 參數指示輸出檔案名以 *zinc* 前綴。

```
rd_filters.py filter --in zinc_100k.smi --prefix zinc

using 24 cores
Using alerts from Inpharmatica
Wrote SMILES for molecules passing filters to zinc.smi
Wrote detailed data to zinc.CSV
68752 of 100000 passed filters 68.8%
Elapsed time 15.89 seconds
```

此輸出表示：

- 腳本在 24 個核上運行。它跨多個核平行執行，可以使用 -np 旗標選擇核數。

- 腳本使用"Inpharmatica"規則集。該規則集涵蓋了大量的化學功能，這些功能已被證明在生物分析中存在問題。除了 Inpharmaticia 集之外，該腳本還有其他七個規則集可用。更多資訊見 *rd_filters.py* 的文件。

- 通過過濾的分子的 SMILES 字串被寫入 *zinc.smi* 檔案，我們使用預測模型時以它作為輸入。

- 有關哪些化合物觸發特定結構警報的詳細資訊被寫入 *zinc.CSV* 檔案。

- 69%的分子通過過濾，31%被認為是有問題的。

了解 31％的分子被拒絕的原因是有益的，這可以告訴我們是否需要調整任何過濾程序。
使用一些 Python 程式碼來查看前幾行輸出，如表 11-4 所示。

```
import pandas as pd
df = pd.read_CSV("zinc.CSV")
df.head()
```

表 11-4　*zinc.CSV 產生的資料格式的前幾行*

	SMILES	NAME	FILTER	MW	LogP	HBD
0	CN(CCO)C[C@@H](O)Cn1cnc2c1c(=O)n(C)c(=O)n2C	ZINC000000000843	Filter82_pyridinium >0	311.342	−2.2813	2
1	O=c1[nH]c(=O)n([C@@H]2C[C@@H](O)[C@H](CO)O2)cc1Br	ZINC000000001063	Filter82_pyridinium >0	307.100	−1.0602	3
2	Cn1c2ncn(CC(=O)N3CCOCC3)c2c(=O)n(C)c1=O	ZINC000000003942	Filter82_pyridinium >0	307.310	−1.7075	0
3	CN1C(=O)C[C@H](N2CCN(C(=O)CN3CCCC3)CC2)C1=O	ZINC000000036436	OK	308.382	−1.0163	0
4	CC(=O)NC[C@H](O)[C@H]1O[C@H]2OC(C)(C)O[C@H]2[C...	ZINC000000041101	OK	302.327	-1.1355	3

此資料格式有六欄：

SMILES

分子的 SMILES 字串

NAME

輸入檔案的分子名稱

FILTER

分子被拒絕的原因或表示沒有被拒絕的 "OK"

MW

分子的權重，預設拒絕權重大於 500 的分子

LogP

計算出的分子辛醇 / 水分配係數。預設拒絕 LogP 大於 5 的分子

HBD

氫鍵供體的數量。預設拒絕大於 5 的分子

我們可以使用 Python 的 collections 函式庫的 Counter 類別來找出什麼過濾程序刪除最多分子（見表 11-5）：

```
from collections import Counter
count_list = list(Counter(df.FILTER).items())
count_df = pd.DataFrame(count_list,columns=["Rule","Count"])
count_df.sort_values("Count",inplace=True,ascending=False)
count_df.head()
```

表 11-5　分子數量前 5 的過濾程序

	Rule	Count
1	OK	69156
6	Filter41_12_dicarbonyl > 0	19330
0	Filter82_pyridinium > 0	7761
10	Filter93_acetyl_urea > 0	1541
11	Filter78_bicyclic_Imide > 0	825

表中第一行的 "OK" 表示任何過濾程序未消除的分子數。由此可見，我們輸入的 69,156 個分子通過了所有過濾。最大數量的分子（19,330）被拒絕，因為它們含有 1, 2-二羰基，這種類型的分子可以與蛋白質殘基如絲氨酸和半胱氨酸反應並形成共價鍵。我們可以在 *filter_collection.CSV* 檔案中搜尋 "Filter41_12_dicarbonyl" 來找到用於識別這些分子的 SMARTS 模式，該檔案是 *rd_filters.py* 分佈的一部分。SMARTS 模式是 "*C(=O)C(=O)*"，表示：

- 任何原子，連接

- 碳氧雙鍵結，連接

- 碳氧雙鍵結，連接

- 任何原子

檢視資料以確保所有事情如預期。我們使用 RDKit 的 MolsToGridImage() 與 highlightAtomLists 參數突顯 1, 2- 二羰基（見圖 11-9）：

```
from rdkit import Chem
from rdkit.Chem import Draw

mol_list = [Chem.MolFromSmiles(x) for x in smiles_list]
dicarbonyl = Chem.MolFromSmarts('*C(=O)C(=O)*')
match_list = [mol.GetSubstructMatch(dicarbonyl) for mol in
              mol_list]
Draw.MolsToGridImage(mol_list,
                     highlightAtomLists=match_list,
                     molsPerRow=5)
```

可以看到分子確實具有二羰基，如圖中突顯處。如果我們想，可以類似的評估其他過濾程序。但我們在這一點上對過濾的結果感到滿意，我們已經從計劃用於虛擬篩選的集合中刪除了問題分子。接下來可以在下一步中使用此集合，該集合在 *zinc.smi* 檔案中。

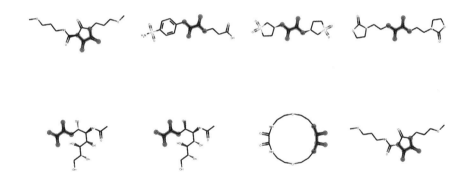

圖 11-9　含有 1, 2- 二羰基的分子。

套用預測模型

我們建構的 GraphConvMdel 現在可用於搜尋剛剛過濾的一組商業化合物。應用該模型需要幾個步驟:

1. 從磁碟載入模型。

2. 建立一個特徵化程序。

3. 讀取並最佳化通過模型的分子。

4. 檢查預測的分數。

5. 檢查預測分子的化學結構。

6. 聚集選定的分子。

7. 將每個簇中選定的分子寫入 CSV 檔案。

首先匯入函式庫:

```
import deepchem as dc                              # DeepChem 函式庫
import pandas as pd                                # 處理表格的 Pandas
from rdkit.Chem import PandasTools, Draw           # Pandas 的化學
from rdkit import DataStructs                      # 指紋處理
from rdkit.ML.Cluster import Butina                # 聚集分子
from rdkit.Chem import rdMolDescriptors as rdmd    # 描述子
import seaborn as sns                              # 繪圖
```

載入前面建立的模型:

```
model = dc.models.TensorGraph.load_from_dir(""/tmp/mk01/model_dir"")
```

為了從模型產生預測,首先以 DeepChem 的 ConvMolFeaturizer 將用於產生預測的分子特徵化:

```
featurizer = dc.feat.ConvMolFeaturizer()
```

為了將分子特徵化，我們需要將 SMILES 檔案轉換為 CSV 檔案。為了建立 DeepChem 特徵化程序，我們還需要一個欄，因此我們加入一個欄，然後將檔案寫入 CSV：

```
df = pd.read_CSV("zinc.smi",sep=" ",header=None)
df.columns=["SMILES","Name"]
rows,cols = df.shape
# 加上一欄以滿足特徵化程序
df["Val"] = [0] * rows
```

如前述，我們應該檢視檔案的前幾行（如表 11-6 所示），以確保所有內容都符合我們的預期：

```
df.head()
```

表 11-6　輸入檔案的前幾行

	SMILES	Name	Val
0	CN1C(=0)C[C@H](N2CCN(C(=0)CN3CCCC3)CC2)C1=0	ZINC000000036436	0
1	CC(=0)NC[C@H](0)[C@H]10[C@H]20C(C)(C)0[C@H]2[C@@H]1NC(C)=0	ZINC000000041101	0
2	C1CN(c2nc(-c3nn[nH]n3)nc(N3CCOCC3)n2)CCO1	ZINC000000054542	0
3	OCCN(CCO)c1nc(Cl)nc(N(CCO)CCO)n1	ZINC000000109481	0
4	COC(=0)c1ccc(S(=0)(=0)N(CCO)CCO)n1C	ZINC000000119782	0

注意 Val 欄只是給 DeepChem 特徵化程序使用。檔案看起來沒問題，因此寫入 CSV 檔案以輸入給 DeepChem。index=False 參數防止 Pandas 在第一欄寫列號：

```
infile_name = "zinc_filtered.CSV"
df.to_CSV(infile_name,index=False)
```

我們可以使用 DeepChem 的載入程序讀取此 CSV 檔案，並對計劃預測的分子進行特徵化：

```
loader = dc.data.CSVLoader(tasks=['Val'],
                           smiles_field="SMILES",
                           featurizer=featurizer)
dataset = loader.featurize(infile_name, shard_size=8192)
```

以特徵化分子產生模型預測：

```
pred = model.predict(dataset)
```

將預測寫入 Pandas 的資料格式：

```
pred_df = pd.DataFrame([x.flatten() for x in pred],
columns=["Neg", "Pos"]
```

Seaborn 函式庫的分佈圖提供了分數分佈圖。不幸的是，在虛擬篩選中，沒有明確的規則來定義排除。通常最好的策略是查看分數的分佈，然後選擇一組得分最高的分子。圖 11-10 顯示只有少數分子的分數高於 0.3，我們可以將此值用作希望通過實驗篩選的分子的初步排除值。

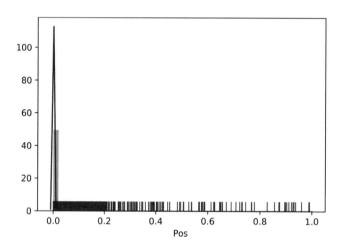

圖 11-10　預測分子分數的分佈圖。

我們可以結合分數與 SMILES 字串資料格式以檢視最高分數的分子的化學結構：

```
combo_df = df.join(pred_df, how="outer")
combo_df.sort_values("Pos", inplace=True, ascending=False)
```

如前述，資料格式加入分子欄可檢視最高分數的分子的化學結構（見圖 11-11）：

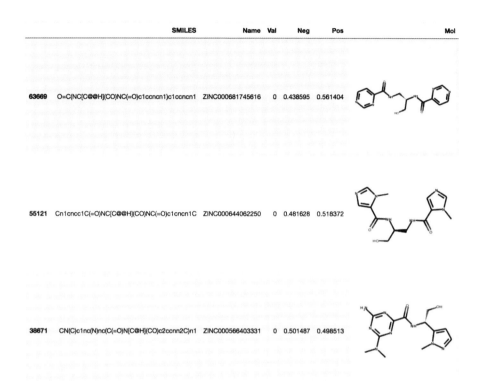

	SMILES	Name	Val	Neg	Pos	Mol
63669	O=C(NC[C@@H](CO)NC(=O)c1ccncn1)c1ccncn1	ZINC000681745616	0	0.438595	0.561404	
55121	Cn1cncc1C(=O)NC[C@@H](CO)NC(=O)c1cncn1C	ZINC000644062250	0	0.481628	0.518372	
38671	CN(C)c1nc(N)nc(C(=O)N[C@H](CO)c2ccnn2C)n1	ZINC000566403331	0	0.501487	0.498513	

圖 11-11　檢視最高分數的分子的化學結構。

看起來有很多最高分數分子相似，再看看其他分子（圖 11-12）：

```
Draw.MolsToGridImage(combo_df.Mol[:10], molsPerRow=5,
                     legends=["%.2f" % x for x in combo_df.Pos[:10]])
```

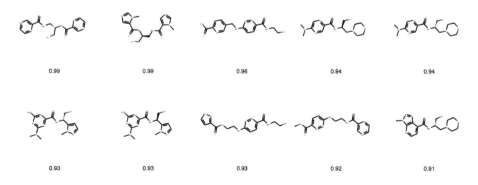

圖 11-12　最高分數結構。下面的數字是模型分數。

確實許多分子非常相似，並且可能最終在我們的篩選中變得多餘。提高效率的一種方法
是分類，僅篩選每個分類中得分最高的分子。RDKit 有個 Butina 分類方法，這是化學資
訊學中最常用的方法之一。在 Butina 分類方法中，我們基於它們的化學相似性對分子進
行分組，這是透過位元向量（1 和 0 的陣列）計算的，也稱為**化學指紋**，表示是否存在
連接原子的模式。通常使用稱為 *Tanimoto* 係數來比較這些位元向量，其定義為：

$$Tanimoto = \frac{A \cap B}{A \cup B}$$

等式的分子是兩個位元向量 A 和 B 中的交集或位元數。分母是向量 A 或向量 B 中的 1 的
位數。Tanimoto 係數範圍介於沒有共同原子模式的 0 和分子 A 中包含的所有模式也包
含在分子 B 中的 1。以圖 11-13 的位元向量為例，兩個向量的交集有 3 位元，而聯集是
5。Tanimoto 係數則是 3/5 或 0.6。注意，這已經過簡化以用於展示。實際上，這些位元
向量多達數百甚至數千位。

```
A   =     11011010
B   =     11010000
A∩B =     11010000     交集 = 3


A   =     11011010
B   =     11010000
A∪B =     11011010     聯集 = 5
```

圖 11-13　計算 Tanimoto 係數。

需要少量程式碼將一組分子分類。Butina 群集所需的唯一參數是群集排除。如果兩個分
子的 Tanimoto 相似性大於排除值，則將分子置於同一簇中。如果相似性小於排除值，
則將分子置於不同的簇中：

```
def butina_cluster(mol_list, cutoff=0.35):
    fp_list = [
        rdmd.GetMorganFingerprintAsBitVect(m, 3, nBits=2048)
        for m in mol_list]
    dists = []
    nfps = len(fp_list)
    for i in range(1, nfps):
```

```
            sims = DataStructs.BulkTanimotoSimilarity(
                fp_list[i], fp_list[:i])
            dists.extend([1 - x for x in sims])
    mol_clusters = Butina.ClusterData(dists, nfps, cutoff,
                                      isDistData=True)
    cluster_id_list = [0] * nfps
    for idx, cluster in enumerate(mol_clusters, 1):
        for member in cluster:
            cluster_id_list[member] = idx
    return cluster_id_list
```

分類前要建立一個僅包含 100 個最高得分分子的新資料格式。由於 combo_df 已經排序，我們只需要使用 head 函數來選擇資料格式的前 100 行：

```
best_100_df = combo_df.head(100).copy()
```

然後，我們可以建立一個包含每個化合物的群集標識的新欄：

```
best_100_df["Cluster"] = butina_cluster(best_100_df.Mol)
best_100_df.head()
```

檢視結果以確定沒有問題。我們現在看到除了 SMILES 字串、分子名稱、預測值之外，還有一個集群標識（參見圖 11-14）。

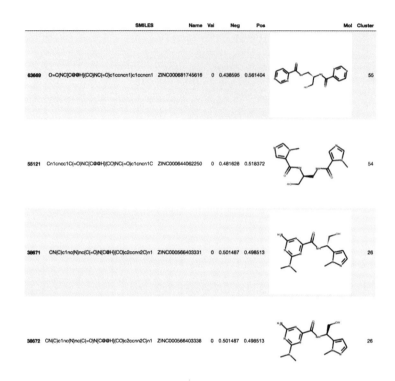

圖 11-14　群集資料集的前幾列。

我們可以使用 Pandas 的 unique 函式來判斷有 55 個群集：

```
len(best_100_df.Cluster.unique())
```

最終，我們想購買這些化合物並進行實驗篩選。為此，我們需要一份列出計劃購買的分子的 CSV 檔案。drop_duplicates 函數可用於為每個群集選擇一個分子。預設情況下，該函數從列表的頂部開始，並刪除已有值的列：

```
best_cluster_rep_df = best_100_df.drop_duplicates("Cluster")
```

為確保計算正確，以 shape 參數取得新資料格式中的列與欄數：

```
best_cluster_rep_df.shape
```

最後將想要篩選的分子輸出到 CSV 檔案：

```
best_cluster_rep_df.to_CSV("best_cluster_representatives.CSV")
```

結論

此時，我們已經遵循基於配體的虛擬篩選工作流程的所有步驟。我們使用深度學習來建構能夠區分活性分子和非活性分子的分類模型，該過程從評估我們的訓練數據開始，並確保分子量、LogP、電荷分佈在活性和誘餌集之間得到平衡。對誘餌分子的化學結構進行了必要的調整後，我們就可以建立一個模型。

建構模型的第一步是為所使用的分子生成一組化學特徵。我們使用 DeepChem 的 GraphConv 特徵化程序生成一組適當的化學特徵，然後使用這些特徵建構圖卷積模型，該模型隨後用於預測一組分子的活動。為避開在生物分析中有問題的分子，我們使用一組編碼為 SMARTS 模式的計算規則來識別含有化學功能的分子，這些分子已知會干擾分析或產生後續問題。

有了所需分子列表後，我們可以在生物分析中測試這些分子。通常，我們工作流程的下一步是取得化學化合物的樣品以進行測試。如果分子來自公司化合物集合，機器人系統將收集樣品並準備進行測試。如果分子是從商業來源購買的，則需要用緩沖水或其他溶劑進行額外的稱重和稀釋。

製備樣品後，在生物測定中測試它們。這些分析可涵蓋廣泛的終點，從抑制細菌生長到預防癌細胞增殖。雖然這些分子的測試是我們虛擬篩選工作的最後一步，但它遠不是藥物發現項目的最後階段。對通過虛擬篩選鑑定的分子進行了初始生物測定後，我們就會分析篩選結果。如果我們發現實驗活性分子，我們通常會識別並測試其他類似的分子，這些分子將使我們能夠理解分子不同部分與我們測量的生物活性之間的關係。此最佳化過程通常涉及數百甚至數千個分子的合成與測試，以鑑定具有所需安全性和生物活性組合的那些分子。

## 第十二章

前景與展望

生命科學的發展速度非常快，可能比任何其他科學分支都要快。深度學習也是如此：它是計算機科學中最令人興奮、發展最快的領域之一。兩者的結合有可能以戲劇性、深遠的方式改變世界。這些影響已經開始出現，但與未來幾十年可能發生的情況相比，這些影響微不足道。深度學習與生物學的結合可以帶來巨大的好處，但也會帶來很大的傷害。

在最後一章中，我們將深度模型訓練擺一邊，並對該領域的未來進行更廣泛的了解。它在未來幾年中最有可能解決什麼重大問題？要實現這一目標必須克服哪些障礙？有與這項工作相關的風險嗎？

醫療診斷

診斷疾病可能是深度學習成為其標誌的第一個地方之一。過去幾年中，一些已發布的模型符合或超過專家人員診斷許多重要疾病的準確性，例如肺炎、皮膚癌、糖尿病性視網膜病、年齡相關的黃斑病變、心律失常、乳腺癌等。此名單預計將迅速增長。

許多這些模型都基於圖像數據：X 光、核磁共振成像、顯微鏡圖像等，這是有道理的。深度學習的第一個巨大成功是在計算機視覺領域，多年的研究已經產生了用於分析圖像數據的複雜架構，將這些架構應用於醫學圖像顯然是唾手可得的成果。但並非所有應用程序都基於圖像，任何可以用數字形式表示的數據都是深度模型的有效輸入：心電圖、血液化學成分、DNA 序列、基因譜、生命體徵等。

在許多情況下，最大的挑戰是建立數據集而不是設計架構。訓練深度模型需要大量一致、清楚標記的數據。想從顯微鏡圖像診斷癌症，你需要標記患有癌症和未患癌症的患者的大量圖像。想從基因進行診斷，則需要大量標記的基因譜。對於希望診斷的每種疾病的數據都是如此。

目前許多數據集不存在。即使存在適當的數據集，它們通常也比我們想要的小。數據可能有很多噪音、從許多來源收集、它們之間存在系統差異。許多標籤可能不準確，數據可能只以人類可讀的形式而不是機器可讀的形式儲存：例如醫生寫的患者醫療記錄的任意格式。

使用深度學習進行醫學診斷的進展取決於建立更好的數據集。在某些情況下，這將意味著組合和策劃現有數據。在其他情況下，它意味著收集為機器學習設計的新數據。後一種方法通常會產生更好的結果，但也會更加昂貴。

不幸的是，建立這些數據集很容易對患者隱私造成災難性後果。醫療記錄包含一些我們最敏感、最私密的信息。如果診斷出患有某種疾病，你是否希望雇主知道？你的鄰居？你的信用卡公司？那些推銷健康相關產品的廣告主呢？

隱私問題對基因組序列特別重要，因為它們具有獨特的屬性：它們在親屬之間共享。你的父母、孩子、兄弟姐妹都具有你的 50％ 的 DNA，透露一個人的序列就會透露親屬的大量資訊。數據匿名也是不可能的，你的 DNA 序列比你的名字或指紋更能準確的識別你。弄清楚如何在不破壞隱私的情況下獲得遺傳數據的好處將是一個巨大的挑戰。

考慮使數據對機器學習最有用的因素。首先，當然應該有很多因素。你需要盡可能多的數據。它應該是乾淨、詳細、精確標記的，它也應該很容易獲得。很多研究人員都希望用它來訓練很多模型，並且應該很容易與其他數據集交叉參考，因此你可以將大量數據組合在一起。如果 DNA 序列和基因譜以及病史分別都是有用的，那麼想想有同一個病人的所有數據時你能做多少事情！

接著考慮使數據最容易被濫用的因素。我們不需要列出它們，因為前面已經列出了。使數據有用的因素與易於濫用的因素完全相同，平衡這兩個問題將是未來幾年的一項重大挑戰。

個人化醫療

診斷疾病的下一步是決定如何治療。傳統上，這是以 "一刀切" 的方式進行的：如果一種藥物可以幫助某些合理比例的患者進行診斷而不會產生太多副作用，則建議使用這種藥物。你的醫生可能會先詢問是否有任何已知的過敏症，但這與個人化的限制有關。

這忽略了生物學的所有複雜性。每個人都是獨一無二的，某種藥物可能對某些人有效，但對其他人則無效。它可能會在某些人身上產生嚴重的副作用，但在其他人身上卻不會。有些人可能會使酶很快地破壞藥物，因此需要大劑量，而其他人可能需要更小的劑量。

診斷只是非常粗略的描述。當醫生宣稱患者患有糖尿病或癌症時，這可能意味著許多不同的事情。事實上，每一種癌症都是獨一無二的，不同的人的細胞具有不同的突變導致它們變成癌症。對一個人有效的治療可能不適用於另一個人。

個人化醫療試圖超越這一點。它試圖考慮每位患者獨特的遺傳學和生物化學，為特定的人選擇最佳治療方案，這種治療方法將以最少的副作用產生最大的益處。原則上，這可能會導致醫療品質的顯著提高。

如果個人化醫療發揮其潛力，計算機將發揮核心作用。它需要分析大量數據，遠遠超過人類可以處理的數據，以預測每種可能的治療方法如何與患者獨特的生物學和疾病狀況相互作用。深度學習擅長於這類問題。

如第 10 章所述，可解釋性和可理解性對於此應用程序至關重要。計算機輸出診斷並建議治療時，醫生需要一種方法來仔細檢查這些結果並決定是否信任它們。該模型必須解釋為什麼它得出結論，以醫生可以理解和驗證的方式提供證據。

不幸的是，涉及的數據量和生物系統的複雜性最終將壓倒任何人理解解釋的能力。如果一個模型 "解釋" 患者對 17 種基因的突變的獨特組合將使特定治療對他們有效，那麼沒有醫生可以實際仔細檢查這一點，這會產生需要解決的法律和道德問題。醫生在不理解原因的情況下能開處方治療嗎？他們能忽略計算機的推薦並開出別的東西嗎？在任何一種情況下，如果處方藥沒有作用或有危及生命的副作用該由誰負責？

該領域可能會透過一系列階段發展。計算機一開始只是醫生的助手,幫助他們更好的理解數據。最終,計算機在治療選擇方面會比人類好得多,任何反對的醫生是完全不道德的。但這需要很長時間,而且會有一個漫長的過渡期。在這種轉變過程中,醫生往往會傾向於信任可能不應該信任的計算機模型並依賴它們的推薦。作為建立這些模型的人,你有責任仔細考慮如何使用它們。批判性的考慮應該給出什麼樣的結果以及應該如何呈現這些結果以將誤解或過分重視不可靠結果的可能性最小化。

藥物開發

開發新藥的過程非常漫長而複雜。深度學習可以在過程中的許多方面提供幫助,其中一些我們已在本書中討論過。

這也是一個非常昂貴的過程。最近的一項研究估計,製藥公司平均花費 26 億美元用於研究和開發每種獲得批准的藥物。當然,這並不意味著開發單一藥物需要花費數十億美元,這表示大多數候選藥物都會失敗。對於每一個獲得批准的藥物,該公司要花錢調查其他許多藥物,然後最終放棄它們。

如果說深度學習即將解決所有問題當然很好,但這似乎不太可能。藥物開發過於複雜。一種藥物進入你的身體時,它會與十萬種其他分子接觸。你需要它以正確的方式與正確的分子相互作用以獲得所需的效果,同時不與任何其他分子相互作用以產生毒性或其他不需要的副作用。它還需要能溶解進入血液,並且在某些情況下必須穿過腦血管障壁。還要考慮藥物在體內經歷化學反應,以各種方式改變它們。不僅要考慮原藥的效果,還要考慮所有效應!最後,它必須生產成本低、保存期長、易於管理等。

藥物開發非常非常困難。有很多東西需要最佳化。深度學習模型可能對其中一個有幫助,但每個模型只代表過程的一小部分。

另一方面,你可以用不同的方式看待這一點。藥物開發的巨大成本意味著即使很小的改進也會產生很大的影響。考慮到 26 億美元中的 5% 是 1.3 億美元。如果深度學習可以將藥物開發成本降低 5%,那麼很快就可以節省數十億美元。

藥物開發過程可以被視為一個漏斗，如圖 12-1 所示。最早的階段可能涉及篩選數十或數百種化合物以獲得所需的性質。雖然化合物的數量巨大，但每種化合物的成本很小。可以選擇數百種最有希望的化合物用於涉及動物或培養細胞的更昂貴的臨床前研究，其中可能有 10 個或更少的化合物可能會進入人體臨床試驗。如果我們夠幸運，最終可能會以批准的藥物進入市場。在每個階段，候選化合物的數量都在縮減，但每個實驗的成本增長得更快，因此大部分費用都在後期階段。

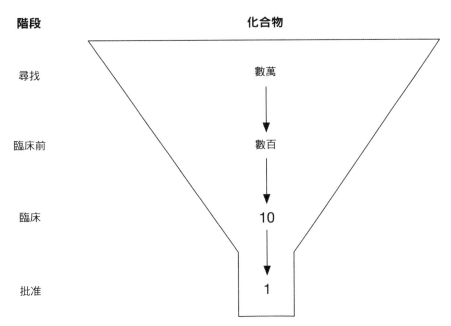

階段	化合物
尋找	數萬
臨床前	數百
臨床	10
批准	1

圖 12-1　藥物開發漏洞。

因此，降低藥物開發成本的良好策略可以概括為："盡快失敗。" 如果一個化合物最終會被拒絕，嘗試在需要數百萬元的臨床實驗前的初期階段將它過濾掉，深度學習有很大的潛力來幫助解決這個問題。如果它能夠更準確的預測哪種化合物最終將成為成功的藥物，那麼節省的成本將是巨大的。

生物學研究

除了醫學應用，深度學習還有很大的潛力來幫助基礎研究。現代實驗技術往往是大數量的：它們一次產生大量數據，數千或數百萬個數字，理解這些數據是一項巨大的挑戰。深度學習是分析實驗數據和識別模式的有力工具，我們已經看到了一些這樣的例子，例如基因組數據和顯微鏡圖像。

另一個有趣的可能性是神經網路可以直接作為生物系統的模型。這個想法最突出的應用是神經生物學。畢竟，“神經網路”直接受到大腦神經迴路的啟發。相似程度有多遠？如果訓練神經網路執行任務，它是否以大腦執行任務的方式進行？

至少在某些情況下答案是肯定的！這已被證明用於一些不同的大腦功能，包括處理視覺[1]、聽覺[2]、運動感覺。在這些例子中，神經網路已經可訓練執行任務，然後將與相應的大腦區域進行比較後發現其必須不錯。例如，網路中的特定層可用於準確的預測視覺或聽覺皮層中特定區域的行為。

這非常了不起。這些模型並非“設計”以符合任何特定的大腦區域。在這些例子中，研究人員只需建立一個通用模型並使用梯度下降最佳化進行訓練以執行某些功能——最佳化程序找到的解決方案與數百萬年的演化發現的解決方案基本相同。事實上，神經網路與大腦系統的相符程度要高於專門設計用於代表它的其他模型！

為了進一步推動這種方法，我們可能需要開發全新的架構。卷積網路直接受到視覺皮層的啟發，因此 CNN 可以作為它的模型。但據推測，還有其他大腦區域以不同的方式發揮作用。也許這將導致神經科學與深度學習之間的穩定來回：大腦的發現將為深度學習提供有用的新架構，而這些架構又可以作為更好的理解大腦的模型。

當然，生物學中還有其他複雜的系統。免疫系統呢？還是基因調控？它們都可以被視為“網路”，其中大量組件彼此來回的發送資訊。可以使用深度模型來表示這些系統並更好的理解它們的工作原理嗎？目前，這仍然是一個未解的問題。

---

1   Yamins, Daniel L. K. et al. "Performance-Optimized Hierarchical Models Predict Neural Responses in Higher Visual Cortex." Proceedings of the National Academy of Sciences 111:8619–8624. *https://doi.org/10.1073/pnas.1403112111.* 2014.

2   Kell, Alexander J. E. et al. "A Task-Optimized Neural Network Replicates Human Auditory Behavior, Predicts Brain Responses, and Reveals a Cortical Processing Hierarchy." *Neuron* 98:630–644. *https://doi.org/10.1016/j.neuron.2018.03.044.* 2018.

結論

深度學習是一種強大且快速發展的工具。如果你在生命科學領域中工作，你需要意識到它，因為它會改變你的領域。

同樣的，如果你從事深度學習，生命科學是一個非常重要的領域，值得你的關注。它們提供了巨大的數據集、傳統技術難以描述的複雜系統、以及以重要方式直接影響人類福祉的問題。

無論你來自何方，我們都希望本書能夠提供你必要的背景，以便在將深度學習應用於生命科學方面做出重要貢獻。我們正處於一系列新技術聚集在一起改變世界的重要時刻，我們都有幸成為這一進展的一部分。

索引

※ 提醒您：由於翻譯書排版的關係，部分索引名詞的對應頁碼會和實際頁碼有一頁之差。

F

關於作者

Bharath Ramsundar 是 Datamined 的聯合創辦人兼技術長，Datamined 是一家區塊鏈公司，可以構建大型生物數據集。Datamined 的目標是產生加速生物技術 AI 所需的數據集。Bharath 還是 DeepChem.io 的首席開發者和建立者，DeepChem.io 是一個基於 TensorFlow 的開源套件，旨在使藥物開發中深度學習的使用民主化，也是 MoleculeNet 基準套件的共同創造者。

Bharath 在加州大學伯克利分校獲得了 EECS 和數學學士學位和學士學位，也是數學畢業班的告別致辭人。他最近在斯坦福大學獲得了計算機科學博士學位（候選人），並獲得了赫茲獎學金的支持，赫茲獎學金是科學界最嚴格的研究生獎學金。

Peter Eastman 在斯坦福大學生物工程系工作，為生物學家和化學家開發軟體。他是 OpenMM 的主要作者，OpenMM 是高性能分子動力學模擬的工具包，他也是 DeepChem 的核心開發人員，DeepChem 是化學、生物學、材料科學深度學習的套件。他自 2000 年以來一直是名專業的軟體工程師，包括擔任生物資訊學軟體公司 Silicon Genetics 的工程副總裁。Peter 目前的研究包括物理與深度學習。

Pat Walters 負責 Relay Therapeutics 的計算和資訊學小組。他的團隊專注於計算方法的新應用，這些計算方法整合了計算機模擬和實驗數據以提供推動藥物開發計劃的見解。在加入 Relay 之前，他在 Vertex Pharmaceuticals 工作了 20 多年，擔任全球模型設計與資訊學主管。

Pat 是 *Journal of Medicinal Chemistry* 的編輯顧問委員會成員，之前曾在 *Molecular Informatics and Letters in Drug Design & Discovery* 擔任類似的職務，他繼續在科學界發揮積極作用。Pat 是 2017 年戈登計算機輔助藥物設計會議的主席，並參與了許多社區驅動的評估計算方法的工作，包括美國國立衛生研究院資助的藥物設計數據資源（D3R）和美國化學學會 TDT 倡議。Pat 在亞利桑那大學獲得有機化學博士學位，研究人工智能在構象分析中的應用。在獲得博士學位之前，他曾在 Varian Instruments 擔任化學家和軟體開發。Pat 獲得了加州大學聖巴巴拉分校的化學學士學位。

Vijay Pande 博士是 Andreessen Horowitz 的合夥人，負責公司在生物學和計算機科學領域的公司投資，包括將計算、機器學習、人工智能應用於生物學和醫療保健領域以及新型變革科學進步的應用。他還是斯坦福大學生物工程的兼職教授，為開創性的計算方法及其在醫學和生物學方面的應用提供建議，發表過 200 多篇文章、兩項專利、兩種新型藥物治療方法。

作為一名企業家，Vijay 是用於疾病研究的 Folding@Home 分散式計算專案的發起人，該專案推動了計算機科學技術（如分散式系統、機器學習、異種計算機架構）在生物學和醫學的基礎研究與新療法的開發和應用。他還共同創立了 Globavir Biosciences，將他在斯坦福和 Folding@Home 的研究成果轉化為一個成功的新創公司，發現了針對登革熱和埃博拉病毒的治療方法。在他十幾歲的時候，他是製作 Crash Bandicoot 的 Naughty *Dog Software* 遊戲公司的第一位員工。

出版記事

本書封面上的動物是雄性的灰原雞（*Gallus sonneratii*），也被稱為灰色叢林鳥。物種名稱 sonneratii 是對法國博物學家和探險家 Pierre Sonnerat 的致敬。灰原雞原產於印度南部和西部，Sonnerat 在 1774 年至 1781 年間多次研究過該鳥類。該鳥類的自然棲息地是森林灌木叢和竹叢，但在森林、熱帶到平原等各種環境中成長。

大部分的灰原雞的羽毛都是白色和棕色的。翅膀和尾巴的尖端有黑色的羽毛和一絲藍色。雄性和雌性灰原雞在很多方面不相同，公雞的長度約為 30 英寸，而母雞的長度只有 15 英寸左右。公雞比母雞更亮，有光澤的尾巴、金色的斑點、紅色的冠、腿、眼睛。母雞的腿是黃色的，它們的羽毛是更暗沉的棕色。

雞蛋呈淺棕色至米色。母雞通常在 2 月到 5 月間產下 4 到 7 個雞蛋。他們把雞蛋放在長滿草和樹枝的地上，在沒有公雞幫助的情況下獨自孵化。

灰原雞是馴養雞的祖先，可與常見的雞和原雞（都是 *Gallus gallus*）共同繁殖，創造出各種雜交種。馴養時應該在周圍設置堅固的牆壁，因為它們很膽小。有斑點的棕色和白色羽毛通常被漁民用於飛蠅釣。

O'Reilly 書籍封面上的許多動物都面臨瀕臨絕種的危機；牠們都是這個世界重要的一份子，如果想瞭解您可以如何幫助牠們，請拜訪 *animals.oreilly.com* 以取得更多訊息。

深度學習｜生命科學應用

作　　者：Bharath Ramsundar 等

譯　　者：楊尊一

企劃編輯：蔡彤孟

文字編輯：王雅雯

設計裝幀：陶相騰

發 行 人：廖文良

發 行 所：碁峰資訊股份有限公司

地　　址：台北市南港區三重路 66 號 7 樓之 6

電　　話：(02)2788-2408

傳　　真：(02)8192-4433

網　　站：www.gotop.com.tw

書　　號：A609

版　　次：2019 年 09 月初版

建議售價：NT$580

國家圖書館出版品預行編目資料

深度學習：生命科學應用 ／ Bharath Ramsundar 等原著；楊尊一譯.
　-- 初版. -- 臺北市：碁峰資訊, 2019.09
　　面；　公分
　譯自：Deep Learning for the Life Sciences
　ISBN 978-986-502-261-7(平裝)
　1.生命科學

360　　　　　　　　　　　　　　　　　108013889

讀者服務

● 感謝您購買碁峰圖書，如果您
對本書的內容或表達上有不清
楚的地方或其他建議，請至碁
峰網站：「聯絡我們」\「圖書問
題」留下您所購買之書籍及問
題。(請註明購買書籍之書號及
書名，以及問題頁數，以便能
儘快為您處理)

http://www.gotop.com.tw

● 售後服務僅限書籍本身內容，
若是軟、硬體問題，請您直接
與軟體廠商聯絡。

● 若於購買書籍後發現有破損、
缺頁、裝訂錯誤之問題，請直
接將書寄回更換，並註明您的
姓名、連絡電話及地址，將有
專人與您連絡補寄商品。